決定版

日本珍景踏切

伊藤博康 著

創元社

魅惑の「踏切ワールド」へようこそ

踏切、それは「鉄道と道路が交差する箇所」を指す。専門的には「踏切道」と称している。

鉄道も道路もいまは国土交通省の管轄だが、かつては運輸省と建設省という別の省が担当していた。その名残だろうか、踏切によっては道路側が「○○踏切道」と記しているのに対して、踏切関連機器には「○○踏切」と記されていることがある。前者が道路側から見た表現で、後者が鉄道から見た表現のようだ。

このもともと異文化である鉄道と道路が交差する箇所だからこそ、そこに個性が生まれる。ちっちゃな踏切、大渋滞を生む踏切、やたらと線路数が多い踏切、季節の花に彩られる踏切などのほか、なんだかおかしな踏切とか、珍景の踏切まである。

そんなバラエティに富んだ踏切の数々をまとめたのが本書だ。

かつて、全国どこにでもあった踏切だが、いまはその数を急激に減らしている。都会では立体交差化が進み、地方では次々にローカル線が廃止されるにつれ、ユニークな踏切も次々と姿を消した。実際、筆者が最初に手がけた踏切の本は平成17（２００５）年の発行だが、まだなんとかユニークな踏切が全国に見られた。平成22（２０１０）年刊行の続巻では、前回掲載できなかった踏切と、新たに見つけた踏切で構成した。おかげさまで話題になったものの、その次が発行できなかった。ユニークな踏切がどんどん廃止されたのだ。

それから10年、全国を歩くなかで、新たな発見が多くあった。そのなかには、まだこんなにユニークな踏切があったのかと思うものもあり、しかもそれは一度や二度でなかった。そこで、改めて一から考えることにして、日本のユニーク踏切の「いま」をまとめたのが本書だ。とはいえ、全国を取材するのに時間はかかるし、執筆にも時間を要してしまった。そのあいだに、残念ながら廃止になった踏切も出た。一方、原則として認められていない新設の踏切が誕生したケースもある。

そんなユニーク踏切の存在を本書で知って、現地に出かける一助としていただけるのなら、筆者としては望外の喜びだ。ぜひ、踏切ワールドを楽しんでいただきたい。

令和２（２０２０）年６月吉日

鉄道フォーラム代表　伊藤博康

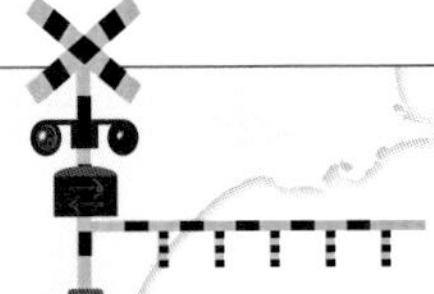

本書で取り上げる踏切

東北

青森県
新青森～津軽新城……040　津軽飯詰～毘沙門……068　大沢内～川倉……071, 112

岩手県
盛～田茂山……020

山形県
山寺～面白山高原……056　羽前千歳～北山形……064, 130

福島県
笹谷駅……028

関東

茨城県
平磯～殿山……074　下館～下館二高前／下館～玉戸／下館～大田郷……100
久慈浜……127

栃木県
北真岡～西田井……122

群馬県
中央前橋～城東……052　高崎商科大学前～山名……063　山名～西山名……064

埼玉県
親鼻駅……041, 126

千葉県
君ヶ浜～海鹿島……070　海士有木～上総三又……121

東京都
上野検車区……014　上野動物園東園駅……019　東村山～所沢・西武園……036
亀戸～亀戸水神……040　東池袋四丁目～向原……044, 090　池袋～椎名町……050
東村山～小川……054　横田基地引込線……066　目黒～恵比寿……077
北千住～南千住・牛田……083　代々木八幡～代々木上原……088
汐留～築地……091　新宿～南新宿……093　武蔵小金井～武蔵境……094
田端～駒込……102　若林～西太子堂……139

神奈川県
北鎌倉～鎌倉……058　京急新子安～生麦……059, 080　長谷～極楽寺……060　金沢八景～金沢文庫……066
鎌倉高校前～七里ヶ浜……072　大川駅……078　花月総持寺駅……082
産業道路（現・大師橋）～小島新田……095　江ノ島～腰越……114　逗子～東逗子……120　久里浜駅……129
神武寺駅……136　堀ノ内駅……139　腰越～鎌倉高校前……139

近畿

奈良県
鳥居前～生駒山上……016　室生口大野～榛原……065
大和西大寺～新大宮……084　御所～玉手……140

大阪府
日根野駅……066　新大阪～福島……092
東淀川駅……097

和歌山県
千旦駅……039　御坊～紀伊内原……065

兵庫県
御影～芦屋川……050　夙川駅……051
朝霧～舞子／西舞子～舞子公園……134

三重県
四日市港……017　桑名～東方信号場……023
東藤原駅……041　四日市～塩浜……047
梅戸井～北勢中央公園口……053
五十鈴ヶ丘～二見浦……065
桑名～朝日・益生／西桑名～馬道……106

滋賀県
彦根～南彦根……054　武佐～近江八幡……086
京阪石山～唐橋前……087

中部

中国

九州

四国

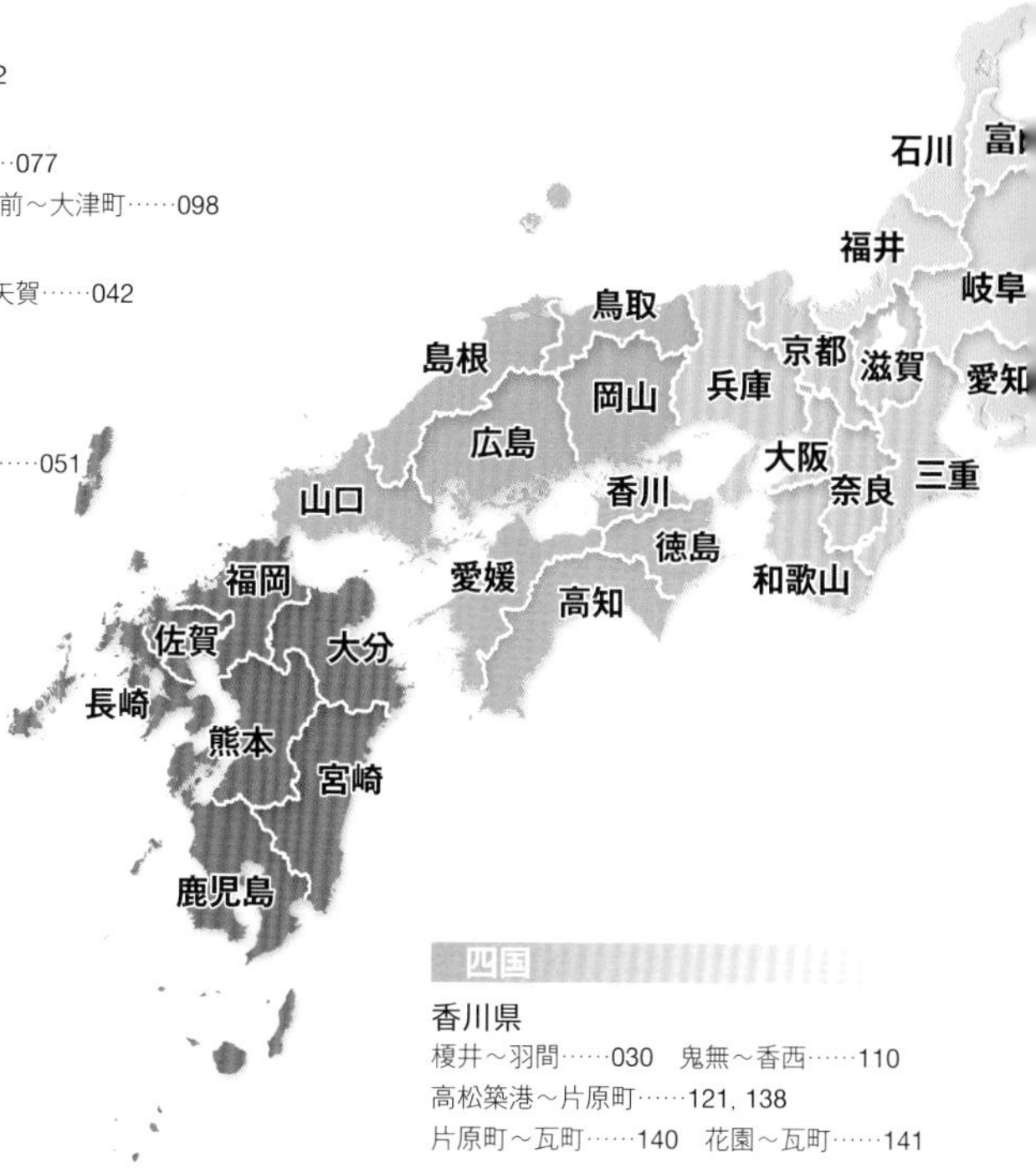

中部

中国

石川
福井
岐阜
鳥取
島根
京都
滋賀
愛知
岡山
兵庫
広島
大阪
三重
山口
香川
奈良
徳島
愛媛
高知
和歌山
福岡
佐賀
大分
長崎
熊本
宮崎
鹿児島

九州

四国

目次

PART4 参道の踏切

PART5 芸術的踏切

PART6 都会の中の踏切

PART9 珍景踏切

COLUMN

編集：岩佐陸生／デザイン：濱崎実幸／地図作成：河本佳樹（ＺＡＰＰＡ）

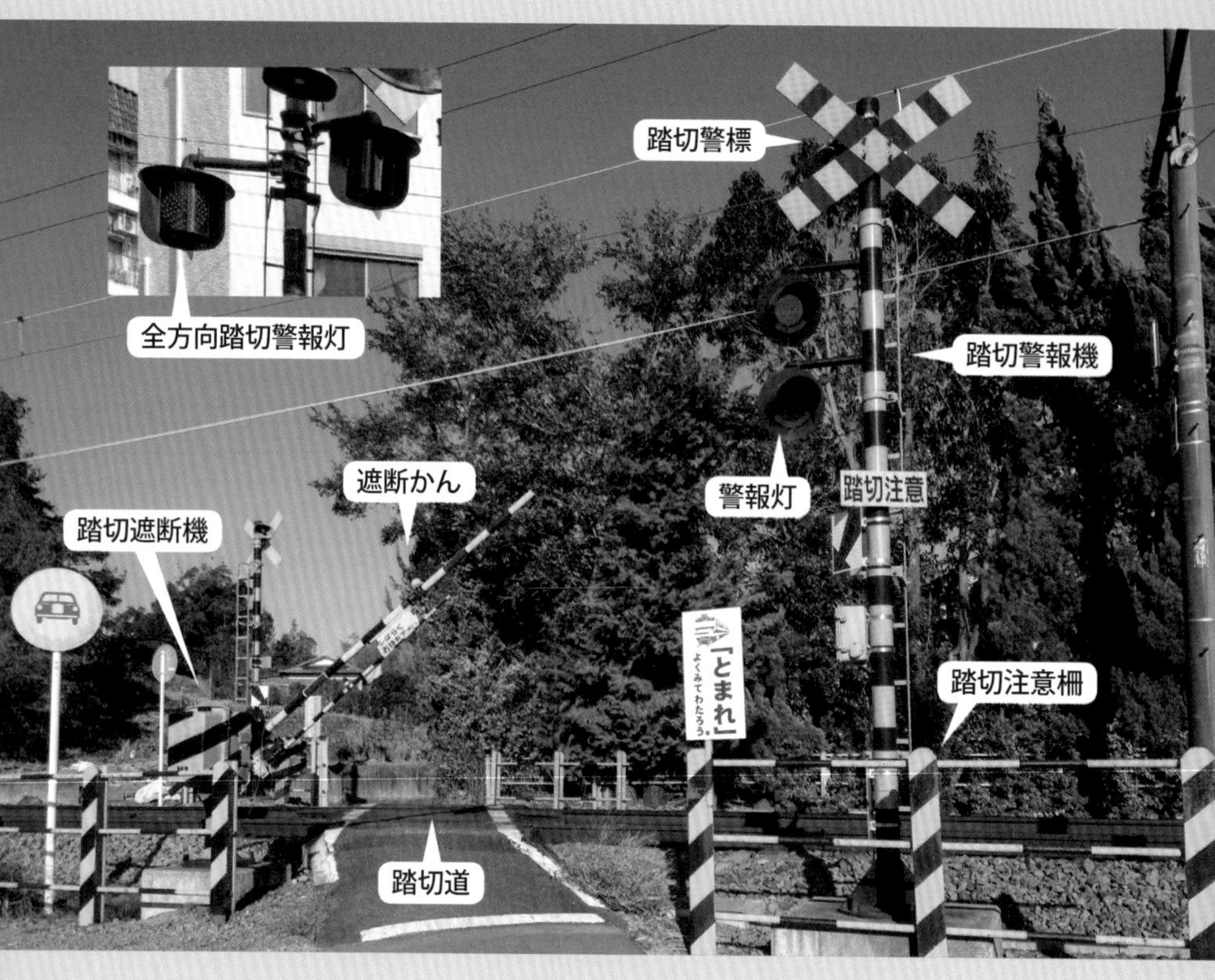

COLUMN

「踏切」を構成するもの

一口に踏切といっても、それを構成するものは意外に多い。

本書を読むにあたって、知っておくとより楽しくなる踏切の構成物をここで紹介しよう。その主なものは、警報機・遮断機・注意柵だ。

警報機はその先端にスピーカーがつき、すぐ下に踏切警標と呼ばれるトラ塗りの×印がある。続いて警報灯が複数ある。警報灯の数は交差する道路の数や方向で決まるが、必ず二つ一組の偶数で、交互に点灯する。近年、全方向踏切警報灯が発明され、大いに普及している。

遮断機は道路交通を遮断するためのものだが、その先端についている遮断かんが一般的に遮断機と呼ばれている。しかし、厳密には遮断かんを上下させる機械も含めた総称だ。遮断かんの〝かん〟は「桿」と書くが、ひらがなで書くことも多い。事業者によっては「遮断棒」と呼んでいる。

その踏切に誤って進入しないようにするトラ塗りの柵が、踏切注意柵だ。

PART 1

踏切を横切るものは……

「踏切を横切るのは電車だけ」。
それはあなたの思い込みかもしれない。
各地で見つけた踏切を
横切るものの正体はいったい!?

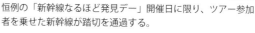

恒例の「新幹線なるほど発見デー」開催日に限り、ツアー参加者を乗せた新幹線が踏切を通過する。

JR 東海 東海道新幹線　浜松工場

フル規格の新幹線が通過する唯一の踏切

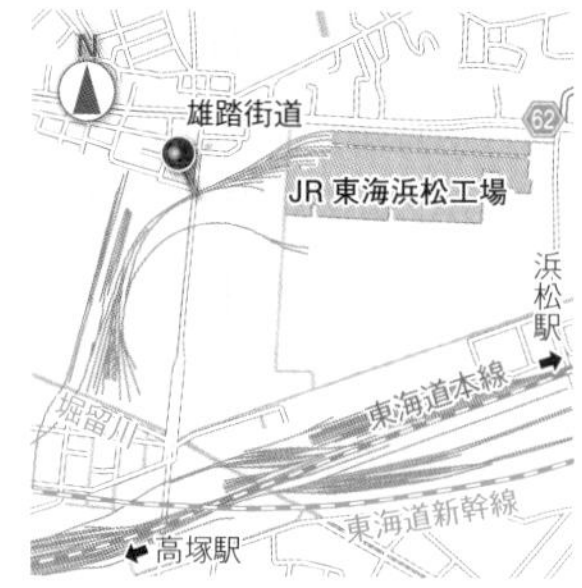

所在地：静岡県浜松市
アクセス：JR東海浜松駅から遠州鉄道バスで「JR浜松工場」下車、徒歩５分。

東海道新幹線に踏切はないはずだ。なにせ最高時速は285キロ。そんなスピードで踏切を通過したら、踏切待ちをしている人も車も、吹っ飛んでしまうだろう。でも、この踏切の写真は、東海道新幹線N700系のようだ。

東海道新幹線は「フル規格」と呼ばれる1両25メートルの大きな車両を使っている。時速200キロ以上の高速走行をするフル規格の新幹線は、安全のため踏切の設置が認められていない。ここが、在来線を使う山形新幹線や秋田新幹線との違いだ。

ということは、この踏切は東海道新幹線専用の踏切ということになる。もちろん、踏切区間を高速で通過することはできないので、ゆっくりゆっくりと通過していく。でも、東京〜博多間に何度乗っても、そんなところを通らない。

じつはこの線路、東海道新幹線から分岐した浜松工場へとつながる専用線にある。浜松工場は、東海道新幹線の車両工場で、JR東海の新幹線車両はすべてここで点検・整備を受けるのだ。

工場は浜松駅からやや西にある。その工場への入出場車両がこの踏切を通って本線との間を行き来しているのだ。これは見てみたいと思うところだが、通過時間は公表されず、また不定期なので、踏切を通過するところが見られたらラッキーだ。

毎年秋に2日間、「新幹線なるほど発見デー」と銘打って工場が一般に公開されている。右上の写真はその開催当日に、同イベントに行く人を乗せたツアー専用列車が通過するところ。係員が立っているのはそのためだ。

車を待たせて、“新幹線”が踏切を横切る！

東京メトロ 銀座線
上野検車区

第三軌条地下鉄で唯一の踏切

かつて「地下鉄はどこから入れたの?」という漫才が流行(はや)ったことがある。実際、地下鉄の施設のほとんどは一般の目に触れないところにあって、よく知られていないことも多い。

たとえば、地下鉄の車庫は地下にあるか地上に出てすぐのところにあるため、地下鉄車両が踏切を横切ることはまずない。

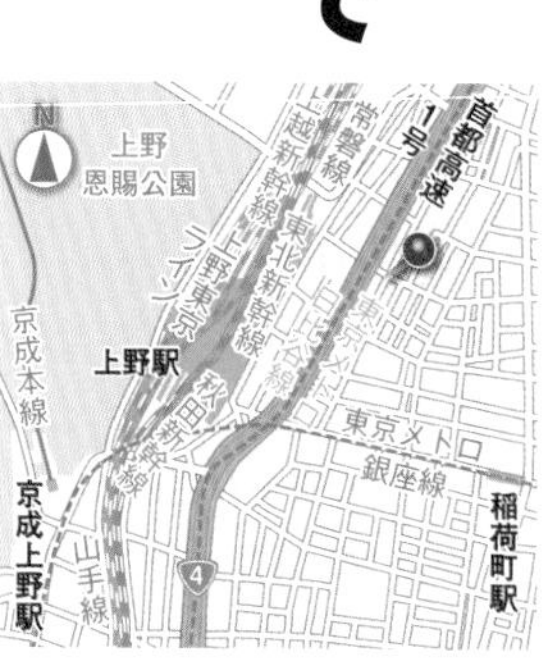

所在地：東京都台東区
アクセス：JR東日本上野駅入谷口から徒歩3分。

通常、電車は架線から電力を得て走るが、地下鉄によく使われている第三軌条集電方式の場合は、線路の外側の地面に近いところに高圧の電気を通す「第三軌条」（サードレールともいう）があり、感電の危険があるため踏切を設けないのが常識だ。

その常識を覆す踏切が、東京メトロ銀座線にある。銀座線といえば日本初の地下鉄路線だ。昭和2（1927）年に上野〜浅草間が開業したが、できるだけトンネル断面を小さくして工費を節約するため、郊外線では一般的な架空集電ではなく、地上近くに第三軌条を設置する方式を採用している。

その銀座線上野駅の近くに、上野検車区がある。地上と地下の二層構造になっているが、その地上部分こそ日本初の地下鉄電車が地下に入っていった場所だ。その地上から地下へと向かうところで一般道路と交差するため、踏切が設けられている。

検車区への入出場車だけが通る踏切で、さらに単線なので、営業線とは違って頻繁に車両が行き来するわけではない。それでも1時間も待てば警報機が鳴り、遮断機が閉まることが多い。

ユニークなのは、電車側にも柵があること。「銀座線　踏切」と書かれた

地下鉄銀座線の電車が踏切を横切る様子。通過すると、後方上部に上がっている柵が降りて線路側が封鎖される。

柵があり、「あぶない」「高圧通電中危険」といった物々しい表示もついている。安全のため、踏切道には第三軌条がないが、柵の先にはうっかり触れると感電する第三軌条があるためだ。警報機が鳴るとこの柵が上がり、電車がやってくる。

電車側の柵が閉じているところ。物々しい表示がついている。

車も通るケーブルカーの踏切は、全国でもここにしかない。踏切道も傾いていることがわかる。

近畿日本鉄道 生駒鋼索線

鳥居前～生駒山上

車も渡れるケーブルカーの踏切

ケーブルカーは、その名の通り鉄道車両の山側にケーブルがついていて、山上にある巻き揚げ機が回転することで車両が登ったり降りたりしている。ケーブルはレールとレールの間にある。そこに万一足が触れたりしたら、足を取られて転倒するなど大けがをしてしまう危険がある。そのため、ケーブルカーの踏切はいたって珍しい。

ところが、奈良県西部の生駒山に登る近鉄生駒鋼索線というケーブルカーには、計5か所もの踏切がある。そのうち一つは、なんと車も渡ることができる日本唯一のケーブルカーの踏切だ。

「足元に注意」の標識があるケーブルカーの踏切。線路の真ん中にケーブルがあるのだ。

歩行者専用の踏切だが、これが駅前道路！

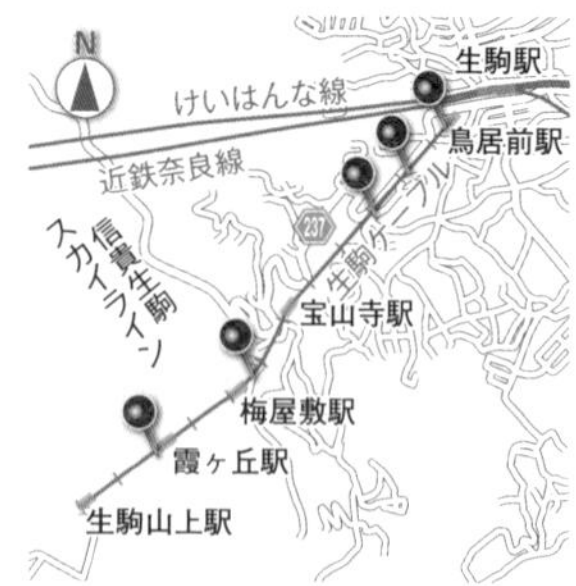

所在地：奈良県生駒市
アクセス：近畿日本鉄道生駒鋼索線の鳥居前駅、梅屋敷、霞ヶ丘駅下車すぐ。

四日市港

船が横切る跳開橋の踏切

「臨港橋」は跳開橋。警報機が鳴り、遮断機が降りると、道路が持ち上がる。

上の写真を見ると、警報機と遮断機はあるが、道路の先に線路はなく、なにやら道路がせり上がっている。

これは、三重県四日市の臨港部にある「臨港橋（りんこうばし）」で、跳開橋（ちょうかいきょう）と呼ばれる可動橋の一種だ。橋桁（はしげた）が上がると、真ん中の写真にあるとおり、船が横切っていく。そう、ここは船の踏切なのだ。

船が通過するあいだ、車が誤って橋に進入しないようにと、踏切が設置されているわけだ。

その臨港橋のすぐ北には、鉄道用の跳開橋がある。かつて、海に近い川の河口などにあった可動橋だが、いまや、現役は全国でここにただ一つ残るだけ。国の重要文化財「末広橋梁（きょうりょう）」だ。

所在地：三重県四日市市
アクセス：JR関西本線、伊勢線四日市駅から徒歩25分。

やがて、船が横切っていく。見ての通り、跳開橋にしなければ、船が通過できない。

「臨港橋」からすぐのところにある「末広橋梁」は、国内唯一の鉄道用現役跳開橋。橋桁が上がっているところを船が横切っていった。

三井化学大牟田工場専用線

3車線の国道を横切る古典機

旭町１号踏切。JRに荷渡しをする機関車は大型の古豪機で、片側三車線の国道を堂々と横切る。

　なんともレトロな機関車が横切る踏切だ。これらはいずれも平成30（２０１８）年に撮ったもの。かつて三井三池炭鉱で栄えた大牟田（おおむた）市内に残った三井化学大牟田工場専用線だ。

　上の写真は、熊本市と佐賀市を結ぶ国道２０８号の旭町１号踏切。国道２０８号は大牟田市を南北に貫く幹線道路だが、なんと有人踏切で、踏切小屋もじつに渋い。

　片道3車線の広い国道と近代的な建物もある一帯に、突如として現れる古（いにしえ）の遺産といった風情だ。

　上写真の18号電気機関車がＪＲとの荷渡しを担当し、下写真の小柄な12号電気機関車が工場内とヤードを結んでいる。ヤード側は第一種踏切だが、踏切道を渡る車はきわめて少ない。

　なお、これらの踏切は残念ながら、本書の発行直前の令和２（２０２０）年５月７日をもって鉄道線ごと廃止された。

小型の電気機関車が、待つ人もいないヤード側の東泉２号踏切をゆっくりと通過。パンタが低い！

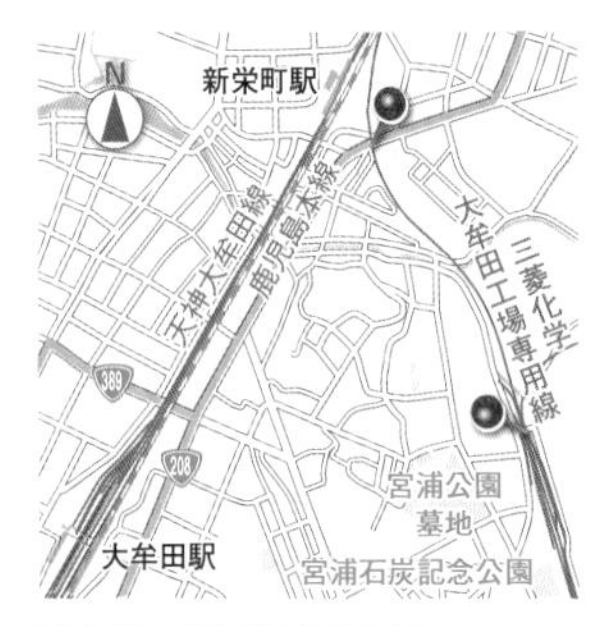

所在地：福岡県大牟田市

アクセス：旭町１号踏切は西日本鉄道天神大牟田線新栄町駅から徒歩約５分、東泉２号踏切は徒歩約15分。

東京都交通局 上野懸垂線

上野動物園東園駅

上野動物園にモノレールの踏切が⁉

世にも珍しいモノレールの踏切。線路端なので、ここまで車両が来ることはなかったが……。

上の写真を撮ったところから振り返ったところが、モノレールの乗り場だった。

所在地：東京都台東区
アクセス：JR上野駅、京成上野駅、東京メトロ千代田線根津駅から徒歩約10分。

上の写真をよく見てほしい。東園駅のモノレール終端部だが、右側の門から入って左に抜ける係員用の通路がある。

出入口の右上を見ると、何やら赤い表示灯がついている。葉陰になっているが、「注意」表示だ。

モノレール駅はこの写真の右手前にあるので（下写真のとおり）、通常ここまで車両はやってこない。しかし、何らかの異常で停まりきれないときに、過走（オーバーラン）して停まるのがこの場所なのだ。

幸い、そのような事故は起きていないが、万一に備えた設備を用意しているのが鉄道だ。つまりここは、世にも珍しいモノレールの踏切なのである。

なお、このモノレールは車両老朽化により令和元（２０１９）年11月１日に運転休止となった。廃止ではないものの、復活のハードルは高そうだ。

バスが横切る踏切。手前の三陸鉄道が横切るときには、上の警報灯と方向指示器が点灯する。

JR東日本 大船渡線

盛～田茂山

鉄道用踏切を横切るのは「バス」！

踏切を横切っているのは……なんとバス！　線路の向こうに並行する道路をバスが走っているのだろうか？

この推測は、半分は当たっている。バスが走っているのは確かに道路だが、そのバス道はもともと線路だったところなので、バスは踏切内を横切り、反対側の警報機はバスの先にある。

このバス道は、平成23（2011）年3月11日に起きた東日本大震災により壊滅的な打撃を受けたJR大船渡（おおふなと）線の盛（さかり）～大船渡間にある。手前の線路は同じく被災した三陸鉄道の線路だが、こちらは復旧していまも毎日、列車が走っている。そのためにこの踏切が必要なのだが、並行していた大船渡線は鉄道での復活を断念して、BRT（Bus Rapid Transit＝バス高速輸送システム）に転換された。

BRT区間にあった踏切は、ほぼ横断歩道になったのだが、この佐野街道踏切だけは三陸鉄道との共用のため存続し、日本で唯一のBRT用踏切となったのだ。バスの警報灯は、写真のとおり三陸鉄道用に比べてちょっと小振りで、方向指示器もない。鉄道に遠慮した!?

所在地：岩手県大船渡市
アクセス：三陸鉄道リアス線盛駅から徒歩数分。

迫力十分の大型トレーラーが頻繁に行き交う踏切。トレーラー側にも信号機がついている。

所在地：山口県宇部市

アクセス：JR西日本宇部線宇部新川駅から徒歩で30分強。

宇部興産専用道路

大型トレーラーが行き交う踏切

警報機と遮断機がある堂々たる第一種踏切を横切っているのは、大型トレーラーだ。トレーラーをよく見ると、ナンバープレートは3桁の数字だけ。一瞬、ここは海外かと思ってしまうが、警報機も遮断機も日本仕様だ。トレーラー側面には「UBE」と記されている。ここは、宇部興産の専用道路が一般道を横切る踏切だ。

宇部興産はもともと石灰石を国鉄貨物で宇部に運んでいた。ところが国鉄末期にストライキが続き、貨物列車がよく運休した。これでは業績が国鉄に左右されてしまうとして安定輸送を申し入れるが、国鉄はまるで聞いてくれる様子がない。そこで、宇部興産は独自に高規格の専用道路をつくり、公道では走ることができない大型のトレーラーを新製して走らせた。ほとんどは高架区間だが、目的地に近いこの地では地上に降りるため、踏切がつくられたのだ。

踏切を横切るのは なんと「人間」!?

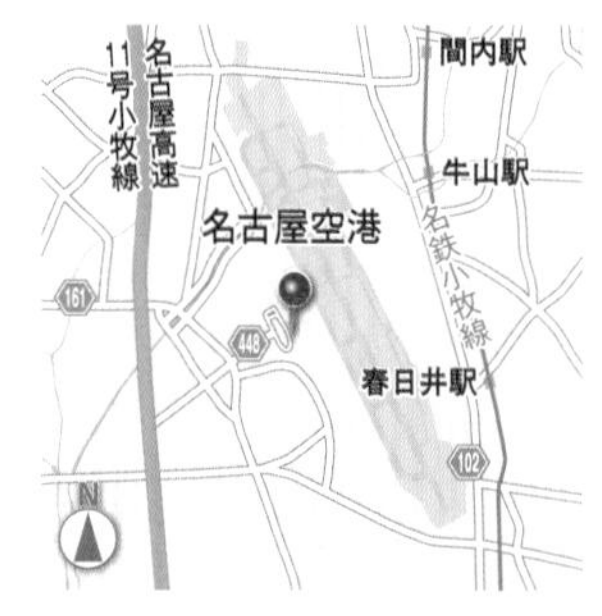

所在地：愛知県西春日井郡
アクセス：県営名古屋空港内。

踏切を横切っているのは搭乗客。遮断機が止めるのは、空港の業務用車両などだ。

踏切の先に見えるのは飛行機。そしてその踏切を横切るのは……人間!?

ここは、県営名古屋空港。かつては名古屋圏を代表する空港として国内線も国際線も発着していたが、平成17（2005）年に中部国際空港ができたことから主要路線は同空港に移転した。現在は静岡のフジドリームエアラインズ（FDA）の主力空港となっているが、機材は80席前後の中型で国内のローカル輸送に特化しているため、空港設備はきわめて簡素だ。なにせチェックインカウンターから搭乗用タラップまですべて地上で段差なし。究極のバリアフリーといえよう。

こういうコンパクトなつくりのため、待合室を出たところにある通路を空港の業務用車が横切ることがある。そこで乗客の安全を確保するために〝踏切〟が設けられている。このため、遮断機はいつも閉まり、開くほうが珍しい。

まだまだあります

踏切を「横切る」あんなもの・こんなもの

なぜ線路側を遮断するのか？

近畿日本鉄道　東方貨物線
桑名～東方信号場

線路に遮断機が降り、その手前を車が通過する……。そんな常識とは逆の踏切が、近鉄桑名駅と養老鉄道東方（ひがしかた）操車場を結ぶ線路上にある。回送列車がたまに通るだけなので、通常は線路側を遮断しているのだ。

車の出入りを見守る踏切

阿蘇内牧ファミリーパーク
「あそ☆ビバ」入口

熊本県阿蘇市にある阿蘇内牧ファミリーパーク「あそ☆ビバ」の駐車場で出迎えてくれるのは、警報機と遮断機。出入りする車を遮断するかと思いきや、動く様子はない。どうやら駐車場の出入口をアピールするモニュメントのようだ。

電車を遮断機が〝通せんぼ〟

富山地方鉄道　市内線
南富山駅

富山地方鉄道の南富山駅には、隣接して市内線の南富山駅前電停がある。南富山駅の改札前にその電停から伸びる線路があるが、ふだんは電車が電停で折り返すため、電車側に遮断機が降りている。

踏切の種類

踏切は、第一種から第四種までの4種類に分類されている。

●**第一種踏切**……警報機と遮断機がついている踏切

●**第二種踏切**……時間を区切って踏切保安係が遮断機を操作する踏切

●**第三種踏切**……警報機がついている踏切

●**第四種踏切**……警報機も遮断機もない踏切

第一種踏切は読者の皆さんがまずは思い浮かべるもので、いまや自動で作動するものがほとんどだ。数は限られるものの、いまも有人踏切が存在する。

第二種踏切は、いま日本にはない。

第三種踏切は警報機はあるものの遮断機がない踏切で、もっとも数が少ない。

第四種踏切は、地方交通線に行くと比較的よく見かける。

国土交通省による平成28（2016）年度の鉄道統計年表によると、踏切総数は約3万4000あり、このうち第一種踏切が約3万、第四種踏切が3000弱、第三種踏切が約760となっている。いずれにも、踏切警標と呼ばれるトラ塗りの×印がついている。

なお、踏切とはみなされていない、いわゆる「勝手踏切」もある。これは、沿線の住民が踏切道ではないところを線路横断に使用しているという、安全上好ましくないものだ。しかし、鉄道開通以前から存在していたであろう神社への参道を鉄道が横切っているのに、なぜか踏切が設置されず勝手踏切となっているところも散見される。

「まえがき」の冒頭で「踏切、それは鉄道と道路が交差している箇所を指す」と記したが、道路との交差地点ではない「構内踏切」もある。駅の構内にある踏切で、横断するのは乗客や駅関係者となる。かつては多くの駅にあったが、跨線橋の整備が進み、いまでは単線で行き違い設備のある地方線区などで見かける程度となっている。

第一種踏切

伊豆箱根鉄道 駿豆線　大場～三島二日町

第三種踏切

JR西日本 境線　和田浜～弓ヶ浜

第四種踏切

北陸鉄道 石川線　小柳～日御子

構内踏切

長良川鉄道　関駅

PART 2

遮断機バラエティ

ひとくちに遮断機といっても、
じつにいろいろな種類がある。
バラエティ豊かな遮断機を探しに出かけよう！

名古屋鉄道 名古屋本線　西枇杷島駅

10を超える遮断機がひしめく踏切

所在地：愛知県清須市
アクセス：名古屋鉄道名古屋本線西枇杷島駅すぐ。

林立する遮断機の多さに圧倒される

この踏切は、名鉄の西枇杷島駅に隣接する県道の踏切だ。名鉄名古屋駅から名鉄岐阜駅方面にわずか3駅だが、名古屋市ではなく清須市に位置する。

県道そのものは高架道路になっているが、その左右の側道に踏切がある。しかも、側道の一方だけで左右二つの遮断機を持つ部分もあり、歩道にも独立した遮断機がついている。そんなこんなで、遮断機の数は、なんと計10個！

この様子を横から望遠レンズで見ると、左ページ上写真のとおりあたかも槍を突き上げている武将たちかのよう。これも、織田信長ゆかりの清須だからだろうか。

これだけでも驚きなのだが、さらに隣接する西枇杷島駅は有人で、手動の構内踏切があるというこれまた珍しい駅だ（左ページ下写真）。その構内踏切にも遮断機が三つある。

遮断機は、線路のこちらと向こうに加え、高架橋を挟んだ奥にも。それらがいっせいに動く様は圧巻！

つまり、合計13もの遮断機が横幅約25メートル、長さ約10メートルの踏切道の間にひしめいているのだ。まさに日本一の遮断機数を誇る踏切だ。

なお、西枇杷島駅はいま改良工事が進んでいて、すでに2面の島式ホームの外方線路は取り払われ、対面ホームとなっている。さらに工事が進むと、上り方面にも独立して改札口が設けられることになっている。これが完成すると、構内踏切は廃止される可能性が高い。

完成予定は２０２０（令和２）年度中。本書発行から1年を待たずに、構内踏切は見られなくなりそうだ。

遮断機が上がり、連なる遮断かんがすべて空に向かって林立すると、圧倒される迫力を感じる。

踏切道に隣接した構内踏切にも、遮断機が連なる。

福島交通 飯坂線　笹谷駅

踏切を渡った先には何がある？

所在地：福島県福島市
アクセス：福島交通飯坂線笹谷駅の構内。

きっぷ売り場前の小振りな構内踏切。関係者用かと思ってしまう手動遮断機を越えた先にあるのはトイレ！

左にはきっぷ売り場などの出札口、右にはホームへ上がる階段、まっすぐに進むと構内踏切で、その先は……なんとトイレ！

この構内踏切は、手動の遮断機を自分で上げて使うことになるが、その先に進んでも駅の外には出られない。踏切道を渡った先の右手に見える、白い小屋のようなトイレに行くためだけの踏切なのだ。

安全確認のため、右上に道路のカーブミラーが取りつけられている。電車は左から進入してくるので、音はするものの視認性がよくない。このミラーは、その安全確認に役立っているのだろう。

踏切を渡った先には、「電車が来ます　横断注意　一旦停止　左側の安全確認」と書いた札が立っている。

富士急行 大月線　寿〜三つ峠

上げたら、お下げください

所在地：山梨県富士吉田市
アクセス：富士急行大月線寿駅から徒歩数分。

遮断かんを上げるより「下げて」を強調する案内板。やたらと注意書きが多い踏切だ。

手動遮断機そのものが珍しいのだが、富士急行にある手動遮断機には写真のとおり、「遮断かんを上げたら〈下げて〉ください。」と記されている。

さらによく読むと、遮断かんが上がったまま電車が通過するケースが年間に60件もあると記されている。その都度、遮断かんを下げる職員を手配しているということだ。

手動踏切はここ以外にもあり、それらの合計であるとはいえ、平均して毎月5件というのは、さすがに多いだろう。それを何とかしようと、この注意書きが登場することになったようだ。

高松琴平電気鉄道 琴平線

榎井〜羽間

〝前後〟に押してお通りください

「とまれ」の標識がユニークな、琴電(ことでん)こと高松琴平電気鉄道の榎井(えない)〜羽間(はざま)間にある手動踏切。木柱に固定された小振りの遮断かんはなかなかかわいいが、その開く方向は〝前後〟である。

遮断かんを手で上げたり下ろしたりして通る手動踏切が多いなか、ここは押して通る方式になっている。

なかにバネが入っているようで、使用後は自力で元の位置に戻ってくれる。しかも、線路内外のどちらから押しても元の位置に戻る。

遮断機を上げ下げするのは、万一押したまま戻らなかったら、通過する列車と接触してしまう怖れがあるからだろう。でも、この遮断かんの短さであれば、万一の際にも列車に接触しないように見える。何気なくあった手動遮断機だが、意外なほどのスグレもので驚いた。

手動遮断機については記載がなく、オリジナルな「とまれ」標識がかわいい。

所在地：香川県仲多度郡

アクセス：高松琴平電気鉄道琴平線榎井駅から徒歩10分。

伊予鉄道 高浜線	梅津寺～港山

上げるだけでお通りいただけます

所在地：愛媛県松山市
アクセス：伊予鉄道高浜線梅津寺駅から徒歩５分。

簡潔な使用方法の案内は合理的。これも、自重で閉まる仕様のおかげだろう。

伊予鉄道の梅津寺～港山間で見かけた「押し上げて」通る手動踏切。ＪＲ四国でも同様なものを見かけるが、
必要なだけ上げて通ると、遮断かん自体の重さで元の位置まで下がるようになっている。

踏切道を利用する人は、遮断かんを上げる際にいったん立ち止まるので、そこで安全確認ができるという点でも、手動遮断かんの設置意義は大きいのだろう。

右・左の安全を確認後、
遮断ざおを押し上げて
ご通行願います。

静岡鉄道 静岡清水線

春日町駅

遮断機で駅から出られない!?

　電車を降りてホーム端まで行くと、そこには自動改札機がある。改札を抜けた先には道路が横切っている。その道路へと続く階段を降りようとしたところ、つんのめってしまった。どうしてこんなところに遮断機が？

　こぢんまりとした駅なので、ホームも自動改札機も、はては自動券売機までもが上下線に挟まれたところに位置している。そうであっても、ふつうは駅舎から出たところに踊り場があり、その両脇に遮断機があるものだ。そんな先入観がよくないのだろうか。

所在地：静岡県静岡市
アクセス：静岡鉄道静岡清水線春日町駅すぐ。

　しかも、遮断機と階段のいちばん低い段はほぼ同じ位置にあるので、階段を降りきろうとすると遮断機に阻まれてしまう。

　改めて遮断機の先を見ると、「ここも踏切です　立ち止まらないで下さい！」と路面に書いてある。さらに、左右にも遮断機が見えるが、これらは線路の先にある。

　そういえば、警報機が階段の先に建っている。これまた珍しい位置だが、警報灯はホーム向きに一つ、左右の遮断機方向にも一つずつと、三方向に取りつけられている。

　踏切道から出て、線路に並行する道路から駅を振り返ってみた（左上写真）。パッと見には階段にある遮断機は手前の線路を遮断するように見えるが、よく見たら階段側を遮断するよう

改札の先でいきなり遮断機に行く手を阻まれてビックリ！

になっていた。やはりそこにしか設置できなかったのだろう。

遮断機までが駅構内で、階段を降りたら公道という、機能がぎゅっと詰まった駅だった。

遮断機が閉まる方向は画面に向かって右側。階段に並行に取りつけられている。

名古屋鉄道 犬山線

新鵜沼〜犬山遊園

〝二重〟の遮断機、そのワケは？

所在地：岐阜県各務原市

アクセス：名古屋鉄道犬山線新鵜沼駅から徒歩５分。

遮断機は通常、1本あれば十分機能を果たす。それなのに、この踏切は前後に2本の遮断かんが連なっている。

よく見ると、手前の遮断かんは短くて、奥は長い。どうやら、手前は歩道用の遮断機で、奥は車道用の遮断機のようだ。その証拠に、線路を渡った先にある遮断機は、歩道用と車道用が別になっている。

幅の広い道路の場合、一つの遮断機で対応しようとすると、遮断かんが長くなって、垂れ下がる。そこで、歩道用と車道用に別々の遮断機を設置することは珍しくない。この踏切も、遮断機の設置に際して、そんな判断をしたのだろう。

ところが、道路用の遮断機の設置場所がどうにも狭い。線路の向こう側にある空間が、手前は歩道が狭くなっているためにない。ここに車道用の遮断機本体を置くと、歩道をふさいでしまいそうだ。致し方なく歩道を越えた線路側に設置したのだろうか。

手前は歩道用、奥は車道用のようだ。

押しても、真ん中の黒い手すりにひっかかるんですけどぉ〜。

JR西日本 山陽本線

尾道〜東尾道

「押して出て」と言われても……

所在地：広島県尾道市
アクセス：JR西日本山陽本線尾道駅から徒歩５分。

遮断かんの向こうに石段があるのは、「坂のまち」として知られる瀬戸内海に面した尾道らしい光景だ。手前はＪＲ山陽本線なので、旅客列車はもちろん、貨物列車も頻繁に行き交う。それだけに、踏切を渡っているときに閉じ込められたら大変だ。

その対応として、遮断かんには「押して出て下さい」と赤い字で書かれ、「非常ボタン」の案内もある。何かあったら、とにかく安全確保という基本的な案内がされている。どこの踏切にもある、当たり前の光景だ。

でも、ちょっと待てよ。この遮断かんを向こう側に押したらどうなるのだろうか。

まずは階段中央の手すりに当たりそうだ。続いて「非常ボタン」の案内右下にある、看板を建てている柱に当たるのでは？

どう考えても、よい結果は得られなさそうだ。非常時にこれで大丈夫なのかと思ったが、答えは簡単だった。歩行者であれば、遮断かんを持ち上げてくぐればいいのだ。

西武鉄道 新宿線・西武園線

東村山～所沢・西武園

「ペチッ！」と道を叩く遮断かん

横から見ても、しっかりと道路を叩いている。奥に“更正”した遮断かんが見える。

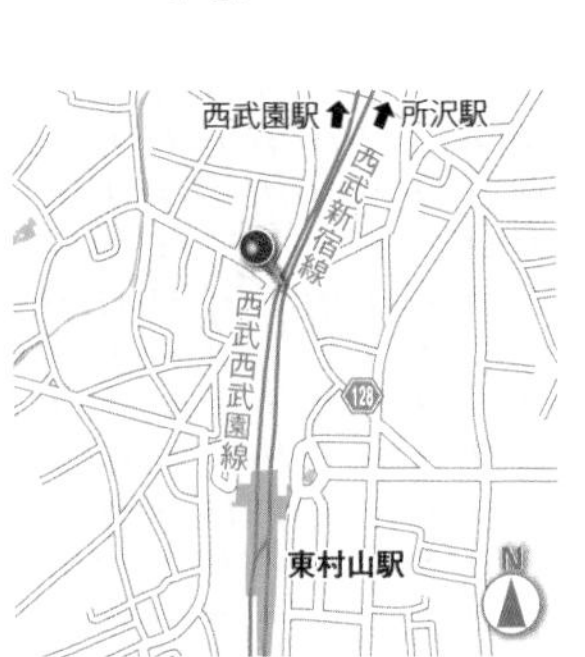

所在地：東京都東村山市
アクセス：西武鉄道新宿線・西武園線東村山駅から徒歩数分。

遮断かんは、しなるようにできている。踏切道で車が閉じ込められても、そのまま押して進めば出られるよう、そして人も「よいしょ」と持ち上げてくぐり抜けられるようにするためだ。そのために、遮断かんの素材には、いまも竹が多く使われている。

ところが、あまりに長いと自重でしなり、垂れ下がってしまう。そこで、幅の広い踏切では左右一対の遮断機を設けることで、1機あたりの遮断かんの長さを短くする。さらに幅が広くなると門型にして、遮断かんをワイヤーで水平に下ろすようなところもある。

ところが、である。この踏切は遮断かん1本の限界に挑戦しようとしているのか、遮断機が下りてきたときに、遮断かんの先端が勢いあまって踏切道を叩いてしまう。「ペチッ！」。

道路が思わず「痛い」と言っているかどうかは知らないが、見ているほうもつい「イタッ！」と言ってしまいそうになる。

ひっぱたいた（？）遮断かんは、「ざまあみろ」と言っているかのように、叩いた後もしばらく上下に我が身を震わせて威張っている。

ちなみに、かつては上り線側の遮断かん一対も「ペチペチ」と踏切道を叩いていたのだが、そちらはいまや解消されている。もしかして〝更正〟したのかな？

「ペチッ！」と遮断かんが道路を叩いた瞬間。イタッ！

個性豊かな「遮断機」たち

伊豆箱根鉄道　駿豆線
三島二日町〜大場

踏切注意を警報灯が知らせる

遮断機があるのに踏切内に進入してしまうのは、うっかりしたときだろうか。そんなとき、赤い警報灯が点滅していたら気づきやすいだろう。

〝斜め〟ってる遮断かん

北陸鉄道　石川線
新西金沢〜西泉

「ボクだって、真っ直ぐに立ちたいんだよぉ！」と言っているかのように斜めになって止まっている遮断かんの下を、下校生たちが渡っていく。上空の架線群が邪魔して、これ以上には上げられないのだ。

JR西日本 和歌山線
千旦駅

踏切に入るのは遮断機の外から!?

まずは上の写真を見てほしい。踏切注意柵の先に遮断機。遮断機の奥には、駅ホームへと続く細い道がある。駅から来ると、下写真のとおり、遮断機の先の線路敷きを通って踏切道に入る。なんとも不思議な踏切だ。

名古屋鉄道 犬山線
布袋～江南

視認性バッチリ！闇夜に輝く警報灯

視認性を高めた警報灯は、名鉄の主要踏切で見られる。遮断かんの上に赤色ＬＥＤを並べて点滅させているのだ。さすがにこれだけ並ぶと、闇夜でも遠くからの視認性はバッチリだ。

警報機にも「いろいろ」ある

誰もが知る踏切警報機、その個性豊かな面々を紹介する。

JR東日本　奥羽本線　新青森〜津軽新城

蓑笠のような笠を被った警報灯。JR東日本の積雪地帯で見かける。

東武鉄道　亀戸線
亀戸〜亀戸水神

信号機型警報灯。交通信号機だと緑と白のゼブラ模様だが、この警報灯は踏切らしくトラ塗り。

秩父鉄道　秩父本線　親鼻駅

「ちゅうい」表示の上に小さな赤い丸。よく見ると蒸気機関車のイラスト。秩父鉄道の踏切で見られる。

富士急行　大月線　下吉田駅

交通信号機の歩行者用を流用したものだが、上下ともに赤色燈。構内踏切にある。

三岐鉄道　三岐線　東藤原駅

「入換中」が点灯すると、貨車の組成変更のため長時間踏切を遮断して機関車が行ったり来たりする。その遮断時間は踏切の傍らに「お願い」として記されている。

JR西日本　山陽本線など　広島〜天神川・矢賀

方向指示器が六つもある踏切。広島駅上り方には山陽本線・芸備線に加えて下関総合車両所広島支所と広島貨物ターミナルがあるため、そのどれが来るかを表示する。

JR西日本　山陽本線・山陰本線　幡生〜新下関・綾羅木

山陽本線の黄色い電車が走ってくるが、警報機は鳴っていない。警報機は、その先の地上を走る山陰本線のもの。高架の先を見るまで、警報機の役割がわからなかった。

PART 3

踏切の「先」にあるもの

踏切は渡るためのもの。
では、その踏切を渡った先には
いったい何があるのだろうか……。

東京都交通局　荒川線

東池袋四丁目〜向原

右に進むべきか、左に進むべきか

とある日、都電を写しつつ沿線を歩いていた。池袋の高層マンションが見える踏切近くまで歩を進めたとき、一人のビジネスマンが手ぶらで私を追い越していった。彼が踏切を渡ろうとすると、ふいに警報機が鳴り始めた。致し方なく彼は足を止めた。

　彼はふと腕組みをして考え始めた。さて、このまま左の道を進んでいいのだろうか。同じような道が右にもある。

　左の道には日が当たり、その先まで見通せるが、先の先は見えない。右の道はというと、踏切の先ですぐに日影になってしまい、その先がどうなっているのか見えない。

　そんな彼の逡巡（しゅんじゅん）を知るよしもなく、警報機は鳴り、遮断機は容赦なく下りてきて行く手を遮った。

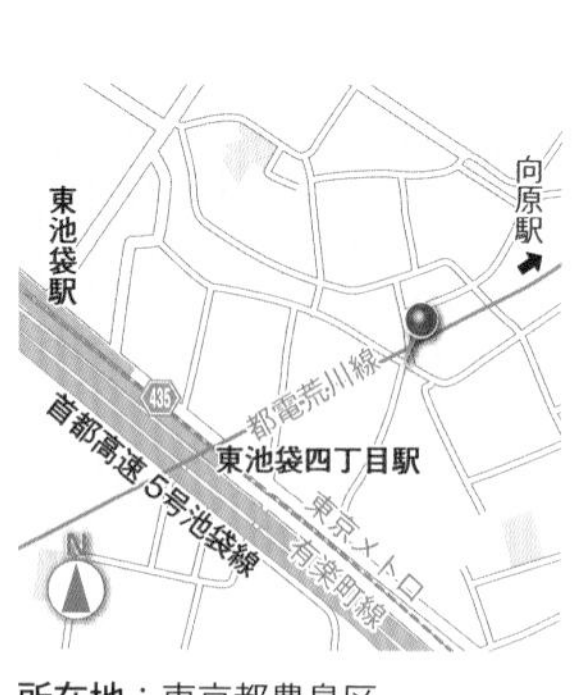

所在地：東京都豊島区
アクセス：東京都交通局荒川線東池袋四丁目駅から徒歩数分。

少し先まで見えたほうが、安心感がある。でも、その先が見えないのだから、見えないという意味では右でも左でも同じなのではないか。いや、少しでも見えたほうがやっぱり安心か……。

やがて電車が、けたたましい走行音を残して通過していった。警報機は鳴り止み、遮断機は開いた。彼は、次の一歩を歩み出した。

そのビジネスマンがそんなことを考えていたのかどうか、私は知らない。でも、思わず人生を考えてしまう踏切だった。

おや、今度は反対方向から電車がやってきたらしい。警報機が鳴り始めた。私はどちらの道を進むべきか。踏切から少し下がった場所でしばし考えた。静かになった。私を遮るものはなくなった。左を選んで歩き出した。

この道を進むべきか、はたまた右に行くべきか。
人生を考えさせられる踏切だ。

踏切の先に駅舎の入口って、なんかヘン。ＪＲの乗客は遮断するのだと、名鉄の弁が聞こえる？

名古屋鉄道 各務原線

新那加～市民公園前

踏切の向こうに駅がある!?

踏切は、言うまでもなく線路を渡るところだ。駅は線路上にあるから、渡った先に駅はない……はずなのだが、なぜか踏切の先に駅がある。

ここは、岐阜県各務原市のＪＲ那加駅前。ＪＲ高山本線と名鉄各務原線は、岐阜～鵜沼／名鉄岐阜～新鵜沼間で並行している。ただし、隣接しているところもあれば、やや離れているところもある。

そのなかでＪＲ那加駅のあたりは、わずかに40メートルほど離れて並行している。その間にホームと駅舎があるので、写真のように踏切と駅舎は目と鼻の先だ。ちなみに、名鉄の新那加駅は写真の１５０メートルほど左にあるので、両駅は乗り換えに利用できる。

新那加駅を発車した電車は、加速しつつこの踏切を横切ることになる。しばらくすると、その電車から降りたと思われる人たちが背後の道を行き交う。ＪＲ那加駅に列車が来るときも同じ。その送迎は、自家用車が少なくない。

所在地：岐阜県各務原市

アクセス：名古屋鉄道各務原線新那加駅から徒歩数分。

踏切の先は駅の〝裏側〟!?

踏切の先に見える駅は、近鉄名古屋線海山道（みやまど）駅。じつは、この駅舎は海山道駅にとっては〝裏側〟となる。というのも、反対側に本来の駅舎があり、その先に海山道神社という伊勢路の伏見稲荷総社なる立派な神社があるのだ。だから、民家も反対側に多い。

ところが、こちらの改札口は朝晩、すぐ背後に広がる四日市の工業地帯に通う大勢の人たちが利用している。ちなみに、この写真を撮影したあたりには、工場への引き込み線の廃線跡がある。

そんな土地柄なので、手前の線路は旅客営業をしない貨物専用線だ。JR貨物が1日数往復して、この先にある塩浜貨物駅から出荷する石油を、タンク貨車で運んでいるのだ。そのため、冬場に列車本数が増える。

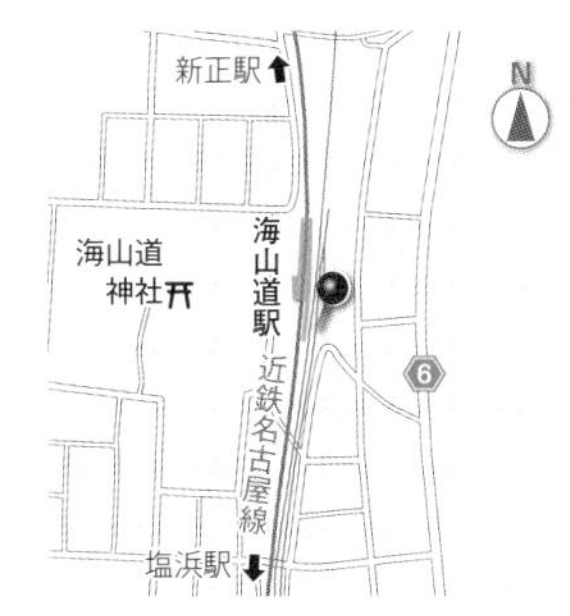

所在地：三重県四日市市

アクセス：近畿日本鉄道名古屋線海山道駅から徒歩すぐ。

この踏切は、駅舎の真ん前を横切っている。右ページの名鉄各務原線よりもさらに容赦ない様子を感じる。しかも、通過しているのは旅客駅とは関係がない貨物列車をけん引しているディーゼル機関車だ。

駅前広場？　そんなものねーよ、とばかりに駅前を貨物列車が横切る。

名古屋鉄道 犬山線

布袋～江南

真っ赤に光る大仏の目の正体

所在地：愛知県江南市
アクセス：名古屋鉄道犬山線布袋駅から徒歩10分。

赤く燃える両眼が開眼した。
「シュワッチ！」と、大仏様は言わないと思うが。

「え、ウルトラマン!?」と思ってしまう、赤い目が光る大仏像。でも、よく見ると光っているのは警報機だ。

ここは、名鉄犬山線布袋（ほてい）駅から北へ600メートルほどのところにある。「布袋の大仏」と呼ばれるこの大仏像は、車窓からも見られることで知られているが、建立は戦後の昭和20年代と比較的新しい。

その大仏像が拝めるあたりに踏切があるのだが、少し下がったところから見ると、踏切警報機と大仏の目の位置がちょうど合うところがある。

いつ誰が気づいたのかわからないが、筆者は地元紙である中日新聞に読者投稿の写真が載ったことで知った。その後、テレビのバラエティ番組で

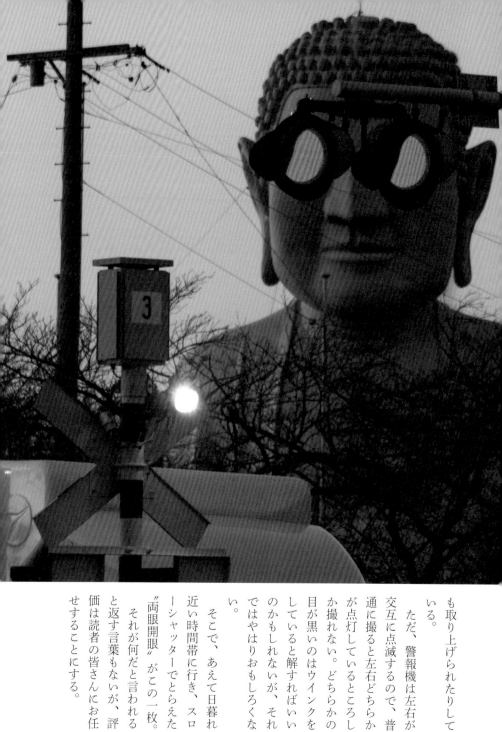

も取り上げられたりしている。

ただ、警報機は左右が交互に点滅するので、普通に撮ると左右どちらかが点灯しているところしか撮れない。どちらかの目が黒いのはウインクをしていると解すればいいのかもしれないが、それではやはりおもしろくない。

そこで、あえて日暮れ近い時間帯に行き、スローシャッターでとらえた〝両眼開眼〟がこの一枚。

それが何だと言われると返す言葉もないが、評価は読者の皆さんにお任せすることにする。

踏切の先で待ちかまえる あんなもの・こんなもの

阪急電鉄 神戸線
御影〜芦屋川

行き先はお墓!? 墓参専用踏切

閉じたフェンスに警報機がついているのは、御影(みかげ)墓道踏切。御影は地名で、墓参する人だけが使うことができる踏切だ。行き先はお墓だけなので、関係者以外が立ち入れないように鍵がかかっている。

かつて筆者は『日本の“珍々”踏切』という本を出し、テレビ番組の「タモリ倶楽部」に呼んでいただいた。そのとき話題になったのが、この踏切。右に進むべきか、左に進むべきか、人生の岐路に立ったら訪れてみたい。

西武鉄道 池袋線
池袋〜椎名町

右か左か人生の岐路踏切

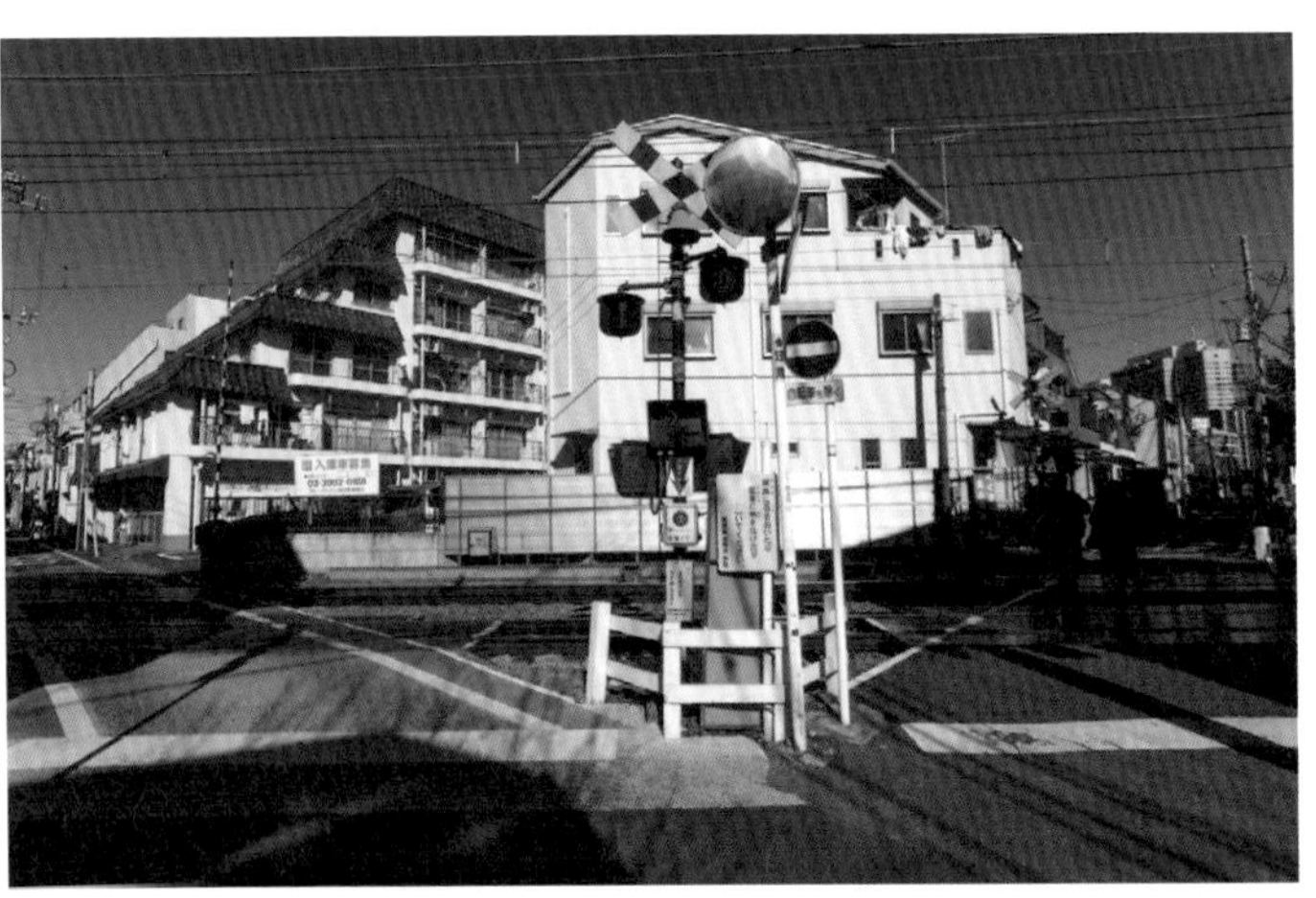

阪急電鉄 甲陽線
夙川駅

階段を登ると改札前に踏切！

急な階段を登っていくと、そこには遮断機が見える。その先に駅の改札がある。この駅から分岐する阪急甲陽（こうよう）線は盲腸線。その車両を交換する際に使う線路なので、踏切は滅多に作動しない。

JR西日本 宇部線
深江駅

踏切の先を横切るのは航空機

踏切の先、青い看板の右下に飛び立った飛行機が写っているのがわかるだろうか。踏切の先に飛行機が見られるところは意外にないが、山口宇部空港の最寄り駅である草江駅に隣接した踏切では見られる。

明知鉄道 明知線
岩村～花白温泉

「踏切防護協力員」を掲げる踏切

かつて、国鉄の踏切近くには、万一の事故の際に協力する「踏切防護協力員」がいたという。その協力員の自宅の軒先に掲げられていた看板が、いまも取りつけられたままなのは珍しい。

COLUMN

踏切の色、色、色

踏切は黄色と黒のトラ塗りと相場が決まっているが、例外もある。ここでは、日本全国で見つけた色とりどりの踏切を紹介しよう。

銀色と赤色の遮断かん

上毛電気鉄道　中央前橋～城東
センターラインのある２車線道路の車が停車する側に銀色と赤色の遮断かん。反対側は通常のトラ塗り遮断かん。

三岐鉄道 三岐線　梅戸井～北勢中央公園口
電車が黄色いので、紅白の遮断かんはトラ塗りより通過時に目立つ。

富士急行 都留文科大学前～十日市場
つい、おめでたいことでもあるのかと思ってしまうが、日によって色が変わるわけではない。

COLUMN

COLUMN

踏切注意柵が白い！

西武鉄道 国分寺線　東村山～小川

西武鉄道の踏切注意柵は、古風な柵型の白色で統一されている。

JR西日本 東海道本線　彦根～南彦根

JR西日本の東海道本線～山陽本線相生付近など、近畿統括本部内で多く見られる。

まぶしいほどに目立つ緋色の踏切注意柵

PART 4

参道の踏切

社寺仏閣への参道に
ぽつんとたたずむ踏切。
厳かな雰囲気の境内を
遠慮することなく電車は走り抜ける。

JR東日本 仙山線

山寺〜面白山高原

古刹の参道の石段になぜかある勝手踏切

芭蕉の句「閑かさや　岩にしみ入る蝉の声」が詠まれたのは、山寺の通称で知られる山形県の立石寺だ。そこからほど近い地に山寺千手院がある。最上三十三所観世音菩薩第二番札所との肩書きがあるこれまた古刹で、本堂の裏山に修験場などもある。

「ついてる鳥居」から続く階段の先を電車が通過する。

千手院境内へは、鳥居の先に連なる石段を登っていく。鳥居は右の柱に抱きついて「ついてる」を10回唱えると恋愛運がよくなり、左の柱でやると金運が大吉になるといわれるため、「ついてる鳥居」と呼ばれているそうだ。

その鳥居をくぐり、石段を登り始めると、すぐのところに踏切がある。仙台と山形を結ぶ仙山線だ。

ひっそりとしていて、鳥居前の道を通る車も珍しいほどだが、1時間に1本の上下列車がやってくる。その上下列車は山寺駅で交換するので、5分弱のあいだに続けてやってくる。

轟音を立てて電車が行き交うと、またひっそりと静まり返り、誰もいなくなる。「ついてる鳥居」のいわれを読んで、つい周囲を見回し、誰もいないことを確認して左の柱に抱きついて「ついてる、ついてる……」と言って

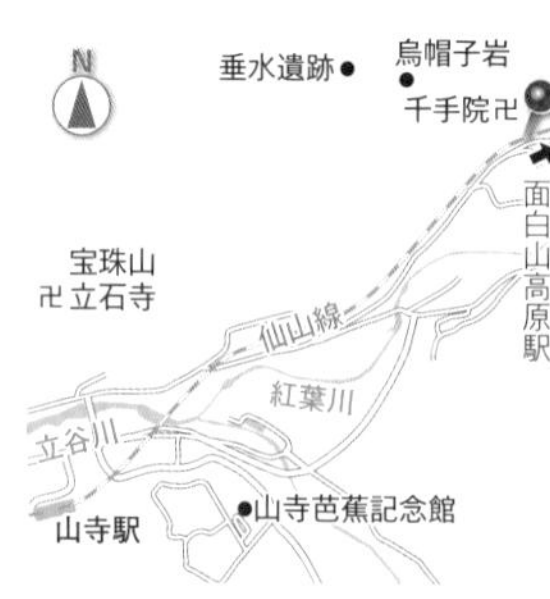

所在地：山形県山形市
アクセス：JR東日本仙山線山寺駅から徒歩約20分。

みる。はたしてご利益があるのかわからないが、仏教の観世音菩薩を祀(まつ)った寺院の門前に、鳥居という神社の入口を配しているのもよくわからない。きっと、明治時代の廃仏毀釈以前の信仰心がいまも息づいているのだろうと納得してみた。

その本堂に参拝し、石段を降りようとすると、線路と鳥居が見える。傍(かたわ)らに「キケン!!」と書いた看板があった。

石段上から見下ろすと、どこにも踏切警標がない。どうやら、いわゆる勝手踏切らしい。

JR東日本 横須賀線

北鎌倉〜鎌倉

警報機の音が響く踏切に北条時宗は何を思う？

所在地：神奈川県鎌倉市
アクセス：JR東日本横須賀線北鎌倉駅から徒歩すぐ。

日の低い冬場、木陰になっている踏切の向こうに参道が見えている。よく見ると、遮断機の手前にも石橋があり、ここも参道だとわかる。ここは鎌倉の円覚寺参道だ。

円覚寺は臨済宗の総本山であり、鎌倉幕府八代執権・北条時宗が無学祖元を招いて建立した750年近い歴史のある古刹だ。北条時宗の墓所でもある。

境内を横切るのは、「スカ線」と呼ばれるＪＲ横須賀線。15両か11両の長い編成の電車が頻繁に行き来して、三浦半島と横浜・東京を結ぶ。踏切は北鎌倉駅からすぐのところに位置しているので、どの電車も発車直後か停車直前となりゆっくりと通過していく。

頻繁に警報機が鳴り、電車が重々しい音で通過する光景を、この先に眠る北条時宗は、どう思っているのだろう。

落ち着いた境内にある踏切。左奥には「北条時宗公御廟所」の石碑が建つ。

山門スレスレを駆け抜ける京急電車。踏切が鳴り止むと、意外にも静寂。

京浜急行電鉄 本線

京急新子安～生麦

門前に踏切がある古刹

「第一京浜」と呼ばれる国道15号は、4車線の両横に広い歩道があり、車の往来が激しい。

その歩道を歩いていると、脇に入ったところに山門が見えた。その山門に通じる空間だけ、ポカンと空いている。わずか6メートルの間口で、その両横には建物があるため、車はもちろん、歩いていてもうっかりすると気づかずに通り過ぎてしまう。

そんなささやかな参道に、第一種踏切がある。

踏切を渡ったところが遍照院（へんじょういん）という高野山真言宗の寺院の山門で、江戸以前の創建という。

その前を、明治後半に開通した京浜急行が駆け抜けている。どうしてこんなことになったのかと思うが、地図をみると、同寺院の背後には東海道本線、横須賀線、京浜東北線が三複線で通っていることがわかる。なんと、前も後ろも鉄道線なのだ。

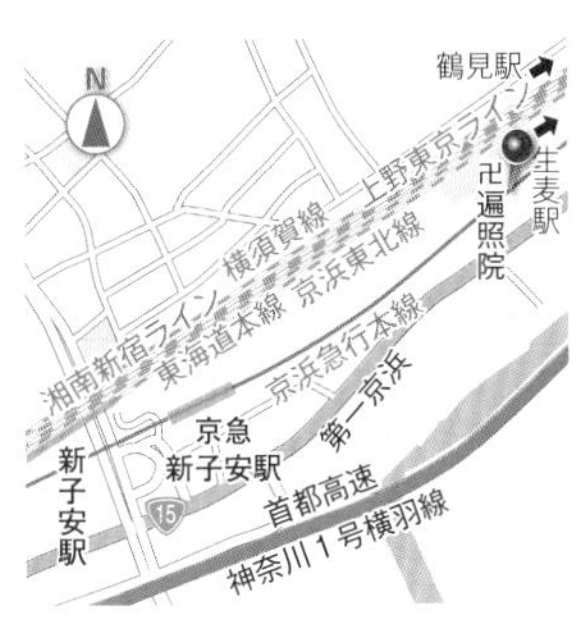

所在地：神奈川県横浜市
アクセス：京浜急行電鉄本線京急新子安駅から徒歩5分。

紫陽花(アジサイ)の季節は、梅雨時だ。夏になる前のひととき、太陽をさえぎる雨雲と空気を冷やす雨が、暑さから体を守ってくれる。

その梅雨時に、いまにも降り出しそうな曇天のもと、紫陽花が咲き誇る踏切にやってきた。紫陽花に囲まれた線路をガタゴトとやってきたのは、観光客に人気の〝江ノ電〟こと江ノ島電鉄だ。この沿線には、紫陽花が多く咲いている。なかでもここ御霊(ごりょう)神社のあたりは、紫陽花の名所として知られている。

踏切道は狭く、人気観光地の表玄関とは思えないほどで、その参道も路地裏のごとく狭い。参詣客の多さに比して余裕がないように感じるが、境内は意外な広さがある。湘南一帯を領地とした鎌倉権五郎景政(ごんごろうかげまさ)を祭神と

江ノ島電鉄

長谷～極楽寺

咲き誇る紫陽花に囲まれた人気踏切

長谷寺
御霊神社（権五郎神社）
熊野新宮
江ノ島電鉄
長谷駅
虚空蔵堂
成就院
極楽寺駅

所在地：神奈川県鎌倉市
アクセス：江ノ島電鉄長谷駅、極楽寺駅から徒歩約５分。

するだけの風格を感じさせる。

普段から観光客が行き来するこの参道の踏切だが、紫陽花の季節になると早朝から日が暮れるまで、カメラマンや観光客が大勢やってきて大混雑となる。

これほど人気なのは、歴史ある神社と紫陽花と江ノ電の踏切という組み合わせのなせる技だろう。フミキリスト（踏切好き）ならずとも、ひと目見てみたくなる光景だ。

紫陽花が咲き乱れるなかをやってくる江ノ電。その途中に踏切がある。

由緒正しい清見寺の山門を入ったところに、なんと踏切が！

JR東海　東海道本線

興津～清水

山門を抜けると そこは踏切だった

石段を登ったところに石柱の山門がある。その山門を抜けたところに踏切がある。ここは静岡市内にある東海道本線の踏切だ。

寺院は清見寺（せいけんじ）という古刹で、鎌倉時代には創建されていたという。室町時代になると足利尊氏が崇敬し、足利家の流れをくむ今川家が駿河を押さえていた時代には、囚（とら）われの身だった徳川家康がこの寺の住職から教育を受けた。さらに、江戸時代になると駿府に戻った徳川家康が再三にわたって来遊したとか、朝鮮通信使も何度も来訪したなど、輝かしい歴史が刻まれている。

その境内になぜ踏切が……と思ってしまうが、当時はここに東海道本線を通すしかなかったようだ。というのも、かつてはこの石段の近くまで海が迫っていたのだ。海岸線と山に挟まれたところに関所があり、それがもとになって清見寺が建立されたのである。

こうした立地のため、清見寺からの眺めは見事だ。境内にある庭園は、借景として駿河湾はもちろんのこと、その先に見える美保松原（みほのまつばら）と伊豆半島、それに日本平を使うという豪華さだ。

所在地：静岡県静岡市
アクセス：JR東海東海道本線興津駅から徒歩約15分。

歴史ある寺社と踏切のコラボレーション

一畑電車 大社線
高浜～遥堪

立ち並ぶ鳥居の先にある踏切

赤い鳥居が立ち並ぶ参道の先は、緑が美しい神社境内。その先には小高い山もあり、赤と緑のコントラストが見事だ。そこにゴトゴトと１両の一畑電車がやってきた。乗客もきっと、鳥居の赤に目を奪われていることだろう。

ＪＲ九州 佐世保線
上有田～有田

遮断機はなく石段にトラ塗りが！

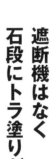

有田焼で知られる佐賀県有田町。同地でやきものの神様と親しまれているのが、陶山（すえやま）神社。その石段を登ったところに踏切がある。遮断機のない第三種踏切で、石段の上から３段目は「立ち止まれ」とトラ塗りになっている。

上信電鉄
高崎商科大学前～山名

木陰にある石段を登りきると踏切

昼なお暗い木陰に、長い年月を経ていそうな石段がある。階段を登りきったところに日が当たり、思い出したように電車が横切る。踏切まで登っていくと、ささやかながら手入れの行き届いた鹿島神社の社殿がひっそりと佇んでいた。

COLUMN

ユニークな踏切注意標識

「ふみきりちゅうい」はよく見る踏切の注意標識だが、ところによってはユニークなものもある。

上信電鉄 山名～西山名

小さな、小さな踏切警標。電車と比べても小さいが、人の背丈よりも低い。けっして、カーブミラーが巨大なわけではない。

JR東日本　山形新幹線・仙山線
羽前千歳～北山形

電車の「電」をイラストに使った踏切注意のイラスト。

伊豆箱根鉄道 駿豆線　三島二日町～大場

リアルな電車のイラストを使った踏切注意標識。

JR西日本 紀勢本線
御坊～紀伊内原

年季が入った道路標識の「踏切あり」。さび付いているものの、いちばん上は蒸気機関車のイラストを使ったそれとわかる。

近畿日本鉄道 大阪線　室生口大野～榛原

怖い顔をした電車が両手を突き出しながら、道路標識の「とまれ！」を発している踏切注意のイラスト。

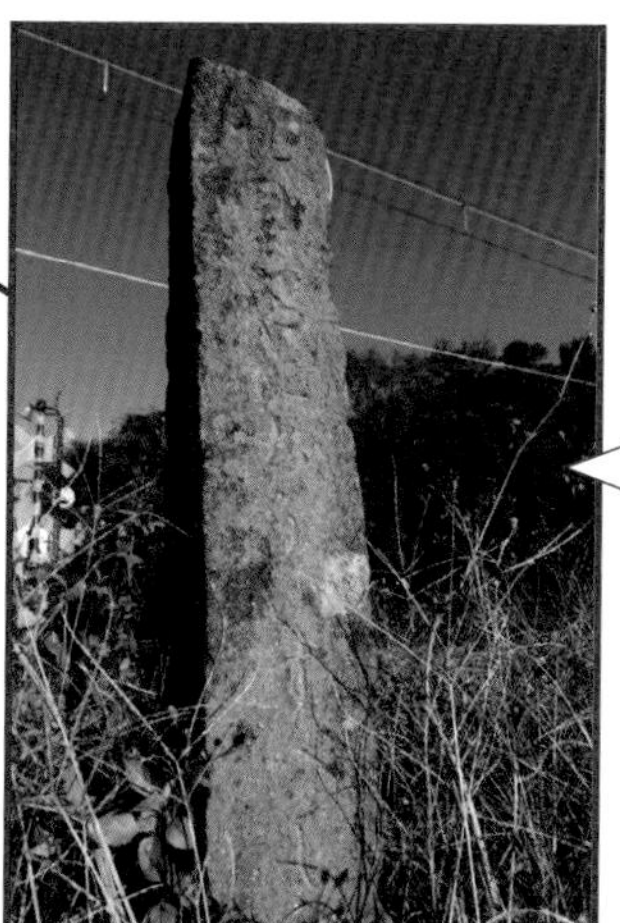

伊豆箱根鉄道 駿豆線　三島二日町～大場

「れつしやにちういすべし」と記された石柱。解読すらままならず、雑草に埋もれかかっている。

JR東海 参宮線　五十鈴ヶ丘～二見浦

石柱の上部に赤地に「止レ」の文字。ひと目でそれとわかる、存在感ある踏切注意標識。

京浜急行電鉄 本線
金沢八景～金沢文庫

「二輪車　踏切転倒注意」の朱書きの下に、小振りな踏切警標。総合車両製作所から金沢八景駅に伸びる専用線の踏切。

JR貨物 横田基地引込線

「WARNING」と大きな朱書きで始まる一文は英語。下のほうに日本語がある。米軍横田基地への引き込み線にある注意表示。

えちぜん鉄道 三国芦原線
鷲塚針原駅

踏切はカンカンではなく“ジャンジャン”と鳴るもの……？　これ、福井県内で使われている表現だ。

JR西日本 阪和線　日根野駅

左下の看板は５か国語、右上の電光表示は４か国語、踏切反対側から見られる電光表示は３か国語と国際色豊かな踏切。関空に近く訪日客が多いための対応。

PART 5

芸術的踏切

人為的につくられた踏切が、
ときにハッとさせるほどの
芸術作品になることがある。

津軽鉄道

津軽飯詰〜毘沙門

菜の花畑に包まれたメルヘン踏切

ここは青森県の津軽鉄道。何度も訪れているので、全線にわたって乗るだけでなく、ときには沿線を歩き、ときには車で回ってきた。だから、おおむねどこに何があるかは知っているつもりだった。

ところがある日、予期せぬ光景が現れた。なんと、一面に菜の花が咲き誇っているのだ。菜の花畑の上には「ふみきり　ちゅうい」と、ひらがな手書きの標識が一つあった。

なんというメルヘンチックな踏切。映画のワンシーンのような光景が目の前に展開されている。しかも期間限定だ。「ふみきり　ちゅうい」から右に向かって、菜の花畑がひとすじ割れている。踏切に通じる道だ。もちろん舗装などされていない。車も通れない。

見惚(みほ)れつつ、アングルを試行錯誤してはひとしきり写した頃に、

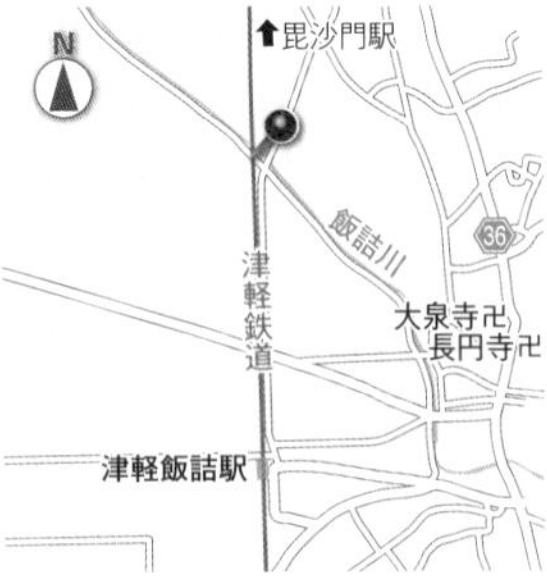

一期一会のメルヘン踏切。手書きの「ふみきりちゅうい」がいい味を出している。

毘沙門駅
飯詰川
36
津軽鉄道
大泉寺
長門寺
津軽飯詰駅

所在地：青森県五所川原市
アクセス：津軽鉄道津軽飯詰駅から徒歩約10分。

列車がやってきた。

「パシャッ！」車両を入れた写真を撮ると、いったん現実に戻り、頭がリフレッシュする。するとまた新たな構図が思い浮かぶ。

あれこれ撮ってみて、また一息ついた頃に、自転車に乗った人が踏切を渡ってきた。このように、ときたま踏切道を行き来する人がいるらしい。

三度目のアングル探しで、ようやくそれなりの写真が撮れた。少しだけ、鉄橋の赤を入れてみた。

こういう写真に満足はない。まだまだいろいろと試してみたい。でも、再びこの時期に来ることができるかはわからない。少々心残りだが、一期一会だからいいのかもしれない。そう納得しつつ、でも後ろ髪を引かれつつ、この菜の花踏切を後にした。

踏切警標はあるが、ほかに何もない素朴な踏切。その先はキャベツ畑だ。

銚子電気鉄道

君ヶ浜〜海鹿島

キャベツ畑へと続く踏切道

警報機も遮断機もない第四種踏切。そこには踏切道があり、傍らに黄色い棒がクロスする1本の踏切警標が立つ。

踏切道は、レール間に枕木を横たえてつくられているようだ。踏切警標も彩りを添えてくれている。その左上がなぜか割れているが、ご愛敬だろう。こういうものは完璧でないほうがいい。

踏切に続くキャベツ畑の道は、なんとも素朴だ。まだ寒い時期にもかかわらず、地道の真ん中に生えた雑草は緑の葉を伸ばし始めている。キャベツは冬でも緑色を提供してくれるので、景色の一員としてとてもありがたい。

雑草とキャベツの緑が目を引く光景の先には林があるが、こちらの緑はやや濃く、同じ緑でも趣が異なる。

晴れわたり、満ち溢れる陽光を楽しみつつこの景色を眺めていた。

N
海鹿島駅
銚子電鉄
君ヶ浜駅
244
犬吠駅

所在地：千葉県銚子市
アクセス：銚子電気鉄道君ヶ浜駅から徒歩約５分。

津軽鉄道

大沢内〜川倉

どこか懐しい素朴な踏切

未舗装の道が一本、踏切を越えて続いている。雨上がりで土の臭いが漂う一帯は、なぜか懐かしさを感じる。

「ふみきり　ちゅうい」とひらがな手書きの踏切警標は、比較的新しいものだろう。打ちつけられている木柱は見るからに年代物で、さらにもう1本の木柱に縛りつけて建っている。

なんとも味のある光景だが、これも真冬に地吹雪が吹き荒れる地だからだろうか。

踏切注意柵は、右側二つがコンクリート製だが、年月を経てこれまた味のあるものとなっている。さらに、左奥の踏切注意柵はいまどき珍しい木製だ。

しばらく佇（たたず）んでこの光景を楽しんでいたが、そのあいだ特に車が通る様子はなく、もちろん人も来ない。

近くの駅まで歩き、しばらく待つと列車がやってきた。ここ津軽鉄道は、冬になるとダルマストーブを客車内で焚（た）くストーブ列車が人気だ。ふと、この光景が似合う列車なのだと思った。

所在地：青森県北津軽郡
アクセス：津軽鉄道大沢内駅から徒歩数分。

舗装されていない道の踏切に、いかにも手製といった「ふみきりちゅうい」の文字。

江ノ島電鉄

鎌倉高校前〜七里ヶ浜

アニメファンの聖地となった「映(ば)える」踏切

踏切に人が集まっている。よく見ると、スマホで写真を撮っている人たちが多い。電車が走り、奥には海が見えている。

ここは、江ノ電の踏切名所として知られる鎌倉高校前踏切。集まっている人々は、ほとんどが訪日外国人で、この踏切を目的にやってきている。

バスケットボールを題材にしたアニメ『スラムダンク』にこの踏切が登場するため、同作品のファンが聖地巡礼として訪れるのだという。

遮断機手前で自転車に乗っている若者たちのように、もともとは湘南の海を楽しむサーファーや、その湘南に憧れる日本人が時折やってくる踏切だった。ところが、いまやそういった人は少数派となり、ご覧の通りの状況だ。

左の警報機の下に青い帽子に警戒色のジャケットを着た人が写っているが、この人は、これら訪日外国人の安全を守るために立っている。あこがれの踏切にきて、歩道から出て車道中央に陣取ってしまう観光客や、車が来てもどかない観光客が後を絶たないのだ。

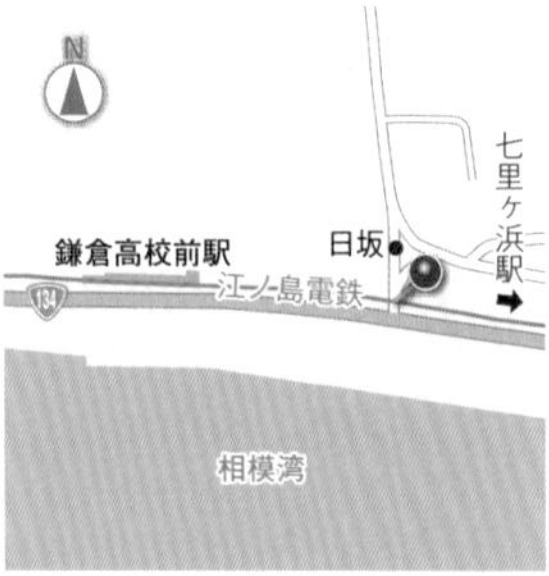

N
七里ヶ浜駅
鎌倉高校前駅
日坂
江ノ島電鉄
134
相模湾

所在地：神奈川県鎌倉市

アクセス：江ノ島電鉄鎌倉高校前駅から徒歩すぐ。

このときも、写真を撮影する少し前に、道路にたむろしそうになった一団を歩道に導いていた。ご苦労様です。
観光客たちは、もちろん悪気があってやっているわけではないのだが、母国とルールが異なるため、ちょっと面食らう部分があるのかもしれない。先に記した係員は、そんな人々のために日本語、中国語（簡体字と繁体字）、英語で記した「道路に出ないでください。」というプレートを持ち、ときに高く掲げては安全確保に努めている。

湘南海岸をバックに走る江ノ電が見られる踏切は、漫画の舞台にもなり訪日客に大人気。

係員が掲げる多言語表示のプレート。

ひたちなか海浜鉄道で唯一の海が見える踏切。先に広がるのは太平洋の荒波。

ひたちなか海浜鉄道

平磯〜殿山

海浜鉄道なのに海が見える踏切はここだけ

踏切の先に、真っ青な海が広がっている。やや白波が立っているのは、太平洋らしい光景といえようか。

この踏切は、ひたちなか海浜鉄道にある。鉄道名のとおり常磐地方に位置しているが、海浜鉄道と名乗るわりに、車窓から海が見えるのは、なんとこの踏切しかない。路線の半分ほどは海岸線を走っているのだが、やや内陸を通っているためだ。

それでも、那珂湊（なかみなと）、平磯、磯崎、阿字ヶ浦（あじがうら）と海に由来する駅名が続いている。かつてJRが国鉄だった頃には、夏になると海水浴臨時列車が国鉄から乗り入れてきて、終点の阿字ヶ浦駅はにぎわったという。

いまはもうそのにぎわいがなくなったものの、阿字ヶ浦の先にある国営ひたち海浜公園は四季折々の花が楽しめる場所として人気が高く、渋滞する道路を避けて、この鉄道でアクセスする人が増えている。

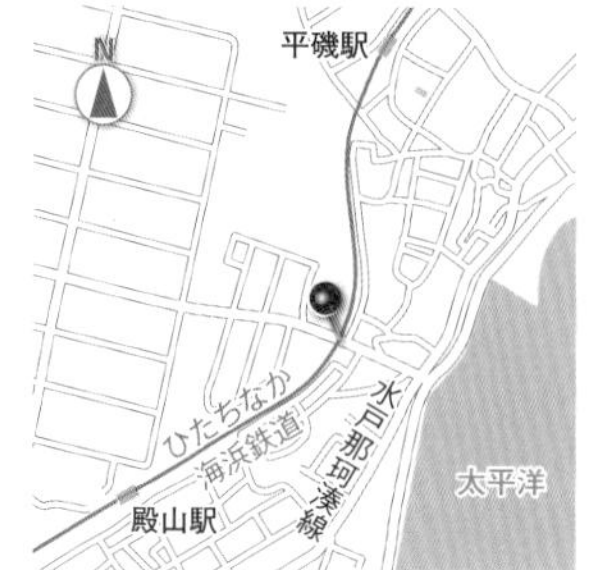

所在地：茨城県ひたちなか市
アクセス：ひたちなか海浜鉄道平磯駅、殿山駅から徒歩約10分。

JR東日本 伊東線

伊豆多賀〜網代

黄色と青のコントラスト

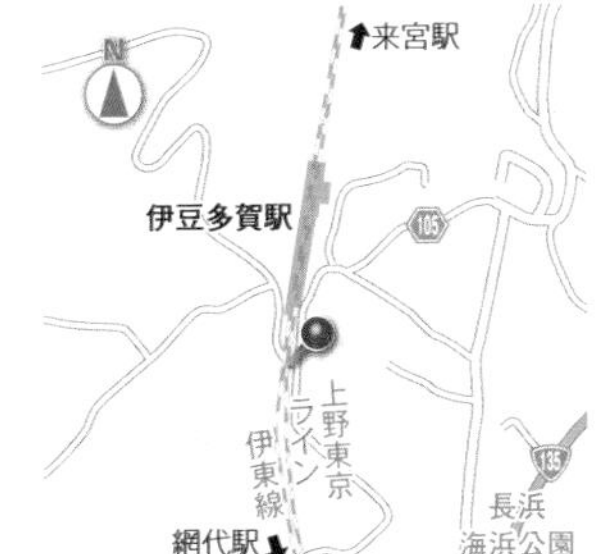

所在地：静岡県熱海市
アクセス：JR東日本伊東線伊豆多賀駅から徒歩すぐ。

真夏の真っ青な空と海。沖合には初島が浮かんでいる。

伊豆半島は北にJR伊東線があり、伊東から南は伊豆急行線となって、ひたすら海岸線に沿って進む。それだけに、海の眺望がすばらしいところが点在していて、その眺めを楽しめるように工夫された列車も走っている。

そんな写真を撮りに行った際、すれ違う列車を撮りたくて、突然だったが、伊東線の伊豆多賀駅に初めて降り立った。

特に付近の撮影地を知っているわけではないので、駅を出てまずは近くの踏切に行ってみた。

踏切を渡った側が順光だったので、とりあえず渡り、ふと振り返ったときに驚いた。なんと青い海！ 青い空！ 遠くに見えるのは初島か!?

そう思ったところで警報機が鳴り出し、やがて遮断機が降りてきた。

遮断機の黄色と、海と空の青さがみごとなコントラストをつくり出している。しばし、列車のことは忘れて踏切を眺めていた。

JR西日本　氷見線

雨晴～越中国分

踏切の先に浮かぶ夕焼け雲

所在地：富山県高岡市
アクセス：JR西日本氷見線雨晴駅から徒歩すぐ。

夕闇迫る踏切で、ワンコが踏切待ち。警報機の灯火がやけに明るく感じる。

　駅で時刻表をみると、乗ろうとするのと反対列車が来ることに気づいた。氷見線の雨晴駅という、海岸線にあることで知られる駅でのことだった。

　海岸に行こうと歩き出すと、踏切まできたところで、夕焼けに染まった雲が海の上に浮かんでいるのに気づいた。路地の先に、水平線もわずかに見える。ふと足を止め、カメラを取り出した。すぐに警報機が鳴り出し、赤い警報灯が陰になった民家の前に浮かぶ。

　カンカンカン……。警報機が鳴ってしばらくすると、海のほうから地元の人が犬を連れてやってきた。夕方の散歩だろうか。やがて、警報機の音にまぎれて、ゴォーという気動車のエンジン音が聞こえてくる。

　列車が踏切を通過するあいだ、水平線も夕焼け雲も視界から消えた。でもそれは一瞬で、短い列車はすぐに過ぎ去り遮断機は開いた。

まだまだあります

アーティスティック&ドラマティック踏切

JR東日本　山手線
目黒〜恵比寿

視覚が〝混乱〟するジグザグな踏切

この踏切に着いたとき、何か変な気がした。しばらくして気がついた。踏切注意柵が「くの字」で折り重なり、やや下り坂の地面についている。これが視覚を混乱させて、平衡感覚が崩れるようだ。これはアートだ！

JR西日本　山陰本線
米子〜東山公園

山容と国鉄色のコントラスト

踏切の先に中国地方の最高峰・大山（だいせん）が見えた。存在感のある山だと改めて山容に感じ入っていると、警報機が鳴り出した。やってきたのは国鉄色の気動車。よいコントラストを見せてくれた。

JR東日本 鶴見線
大川駅

古びて色あせた〝わびさび〟の遮断機

物言わず、さびついて、それでもじっとそこにいる。なんとも古風な手動遮断機だが、使われなくなって長年経ち、その存在感はますます高まっている。遮断かんの色あせた黄色がなぜかもの悲しい。

熊本電気鉄道 菊池線
黒石駅

両端に広がるシンメトリーの美

まっすぐに迫ってくる手すりと点字ブロック、その両端にも同じ流れの造形が繰り返されている。シンメトリーなスロープに目を奪われたが、よくみると、線路の両側を結ぶ踏切も兼ねているようだ。

名古屋鉄道 名古屋本線・三河線
知立〜牛田・三河知立・重原

にらみを利かせる「見張り」たち

手前から奥まで、ずらっと並んでいるのは踏切障害物検知装置。見慣れたものだが、これだけ集結すると検知より監視に見えてしまう。一つひとつに振られた番号は、指揮命令系統をスムーズにするためか？

PART 6

都会の中の踏切

都会では次々と踏切が姿を消している。
だが、令和の時代に入っても
元気な都会の踏切がある。

京浜急行電鉄 本線

生麦〜京急新子安

にぎやかすぎる踏切

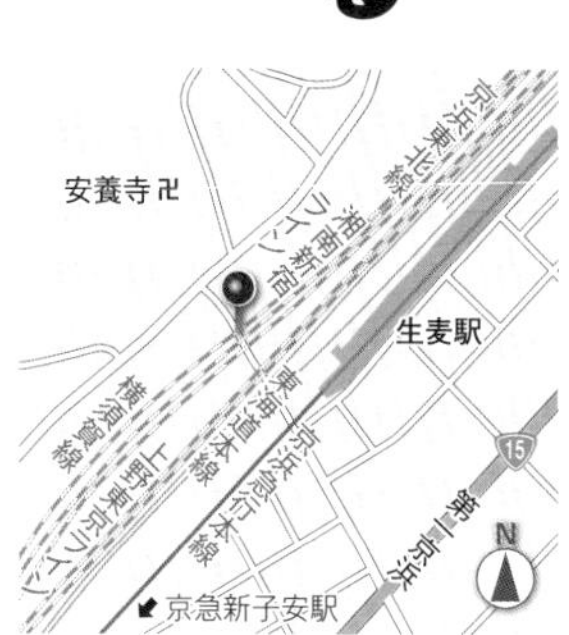

所在地：神奈川県横浜市

アクセス：京浜急行電鉄本線生麦駅から徒歩すぐ。

この踏切は京急生麦駅すぐのところにあり、写真手前で湘南新宿ラインと京浜東北線の複線2本4線を渡る。そこに車1台だけ止まれるところがあり、その先には次の踏切として。東海道本線の複線を渡るのだ。高架橋の上には貨物線が通っている。

ところが、その高架を抜けた先には、さらに京急本線の踏切があるのだ。都合8線を三つの踏切で渡っていくことになる。いずれも頻繁に列車が行き来するので、立ち往生して列車の走行に支障が出ないようにするため、これでもかというほど案内表示をしているのだろう。係員も配置されている。

通行する人も車も多い踏切だ。並行する跨線（こせん）人道橋はあるものの、階段の上り下りがいるため、平地の踏切を通る人が多い。

それでも安全には代えられ

なんとにぎやかな踏切だろう。目立つ赤色に「車両進入禁止」と大書され、その下には「2台目は進入禁止」とある。これらですら十分な警告だと思うのに、高さ制限の鉄桁には、「高さ注意」「制限高1・9m」と続く。

路面に視線を落とすと、手前に「踏切確認」、続いて「ここは停車禁止」とある。左奥には日英中韓の4か国語で「ここは踏切内です」の看板があり、さらに先の高架橋には「前の車が踏切を渡り終えたら渡る」とある。なんとも念入りだ。

ものものしい案内板は、警備員頭上の制限高1.9mの先にも道路上、遮断機左、高架手前など……。

ないと、新たな跨線人道橋の建設が進んでいる。両端に20人乗りエレベーターを2基設置する立派なもので、完成予定は平成32（令和2）年度。踏切廃止には地元から反対の声が多いようだが、本書発行から、1年経たずしてこの踏切も閉鎖されるようだ。

車は一方通行だが、歩行者と自転車は反対からも踏切待ちをする。

京浜急行電鉄 本線

花月総持寺駅

駅に隣接した「開かずの踏切」

所在地：神奈川県横浜市
アクセス：京浜急行電鉄本線花月総持寺駅から徒歩すぐ。

ここは、前ページの踏切がある京急生麦駅から東へ1駅。花月総持寺駅を降りたところにある踏切だ。

湘南新宿ライン・京浜東北線・東海道本線のＪＲ３複線６本の線路に踏切が一つある。その手前には京急線の踏切があるため、８本の線路に二つの踏切というところだ。

ＪＲは３複線だけに踏切が開いている時間がきわめて短い。さらに、京急の踏切は駅ホームにほぼ隣接しているため、停車列車は停車直前か発車後すぐとなり、通過に時間がかかる。このため「開かずの踏切」となってしまう。

この写真を撮ったタイミングでは、京急線もＪＲ線も上り列車・下り列車ともにやってきて、警報機の矢印がすべて点灯した状態になった。

自転車の男性は、あらかじめ予期してきたのだろう。自転車を止めるなりスマホを使い始めた。いったい、どれだけの時間を踏切待ちで過ごしたかと思うほど、長く遮断機の前にいた。

手前も奥も左右両方から電車がくるため、スマホを取り出して待つ男性の気持ちもよくわかる。

奥の踏切で電車がすれ違い、手前の踏切は開いている。その上にも電車が走っている！

JR東日本 常磐線・東武鉄道 伊勢崎線

北千住〜南千住・牛田

上も下も奥も手前も電車

手前の遮断機は開いているが、その先の踏切は上下列車が通過しているところ。さらに、その上にも電車が通過している。いちばん上の高架橋も鉄道線だ。

ここは北千住駅の南を東西に抜ける道で、その名も「大踏切通り」。鉄道好きとしては、上も下も、奥も手前も、くまなく意識して通過する電車を眺められるところだ。

いちばん奥ですれ違っているのは東武伊勢崎線。手前の遮断機が開いているのはJR常磐線だ。高架上を走っているのは東京メトロ日比谷線で、いちばん上に高架橋があるのはつくばエクスプレス。いずれも列車本数が多く、編成が長い列車ばかりだ。

さらに、撮影のために立っているすぐうしろあたりから、この大踏切通りの地下を東京メトロ千代田線が通っている。こちらは目に見えないが、すべての路線が北千住駅で接続しているので、いかに便利な地かがわかる。

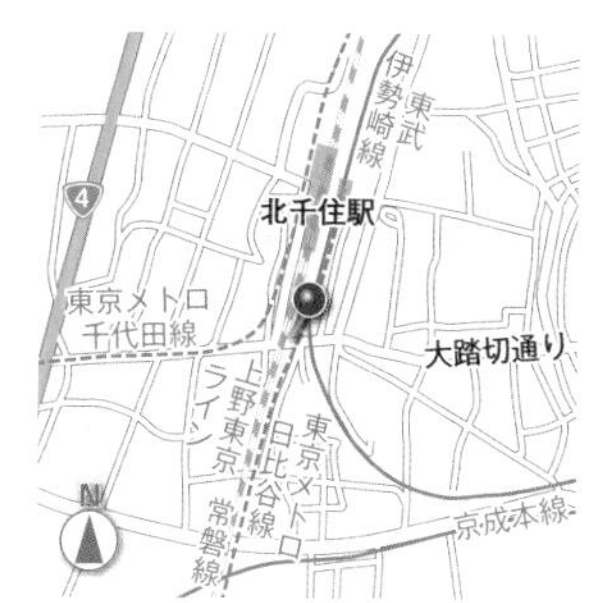

所在地：東京都足立区
アクセス：北千住駅から徒歩数分。

近畿日本鉄道 奈良線

大和西大寺～新大宮

世界遺産にある踏切

踏切の先にあるのは、奈良の平城宮跡に復元された朱雀門だ。朱雀門は都の南に位置する正門。それが陰になっているのは、ここが朱雀門の北に位置する平城宮内だからだ。

平城京の南の入口は、朱雀門から南へ約4キロのところにあったという羅生門で、その間を朱雀大路が結んでいたそうだ。つまり、羅生門から朱雀門までが平城京の町で、朱雀門の北にあるこの踏切あたりは、庶民が入ることができなかった平城宮跡となる。いまはユネスコ世界遺産に登録されている。

その地に踏切とはなんと大胆な……と思ってしまいがちだが、近鉄奈良線がこの地に敷かれたのは大正3（1914）年のことで、平城宮が特別史跡に指定される昭和27（1952）年より40年近く前だ。まして、世界遺産に登録された平成10（1998）年からは84年も前のことになる。結果、世界遺産の地にある踏切となった。

平城宮内には、朱雀門と同じく往時の大極殿などが順次復元され

所在地：奈良県奈良市

アクセス：近畿日本鉄道奈良線大和西大寺駅から徒歩約20分。または奈良駅から「ぐるっとバス」に乗り、「朱雀門ひろば前」下車。

朱雀門踏切道の奥に見えるのが朱雀門。同門から手前が平城宮跡で、世界遺産に登録されている。

ている。その姿を朱雀門踏切道から眺めるのもオツなものだ。ただし、踏切を渡れるのは8～17時だけなので注意したい。

なお、平城宮跡の復元などをするため近鉄奈良線の移設が検討されている。移設といっても現在地の地下は埋蔵物などがある可能性が高いため難しく、平城宮を外れたルートを高架もしくは地下で通す案が出ている。

実現には時間がかかると思われるが、世界遺産の地にある踏切を見るならいまのうちかもしれない。

コンクリート柱の先にひっそりと踏切。その先は行き止まりに見えるが……。

近江鉄道 八日市線

武佐～近江八幡

高架下の踏切、その先は「壁」!?

所在地：滋賀県近江八幡市
アクセス：近江鉄道八日市線武佐駅から徒歩約５分。

シンメトリックな高架橋柱は、近江鉄道線と国道8号の立体交差部だ。林立する支柱の内側は道路になっていて、その途中に踏切がある。

ところが、踏切の先は壁だ。いったい何のための踏切かと思ってしまうがご安心を。壁の手前には左右に続く道があるのだ。ちなみに、撮影地点のすぐうしろ側にも左右に続く道があり、どちらの道路も周囲は農地だ。

このあたりの航空写真を見ると、長方形に区画整理された農地を、鉄道線が斜めに横切っている様子がわかる。国道8号も斜めに横切っている。農地を縦横に分断された地主さんにとっては、さぞ迷惑なことだったと思う。

すぐ近くに民家が続いているが、そこを通る道は旧中山道（なかせんどう）だ。大正時代に線路が通ることで中山道を旅する人は減り、戦後にこの高架橋ができると、中山道は地元の人が使う生活道路になったのだろう。

京阪電気鉄道 石山坂本線

京阪石山〜唐橋前

高架下は地元民の大事な生活道路

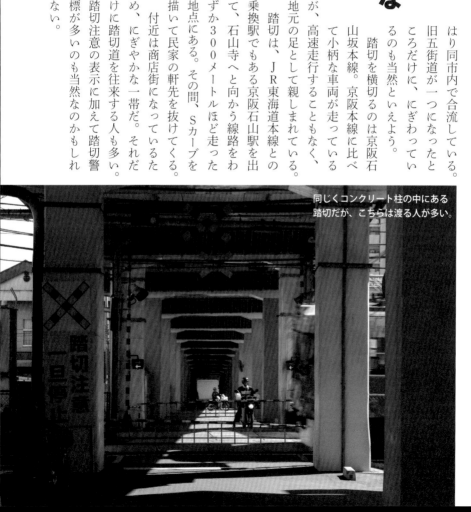

所在地：滋賀県大津市

アクセス：JR西日本琵琶湖線石山駅、京阪電気鉄道石山坂本線京阪石山駅から徒歩約５分。

この高架下の踏切は右ページの踏切からわずか25キロほどのところに位置するが、こちらの高架上は国道1号。つまり旧東海道だ。両踏切の途中にある草津市内で、旧東海道と旧中山道は合流していたが、国道1号と8号もやはり同市内で合流している。旧五街道が一つになったところだけに、にぎわっているのも当然といえよう。

踏切を横切るのは京阪石山坂本線。京阪本線に比べて小柄な車両が走っているが、高速走行することもなく、地元の足として親しまれている。

踏切は、ＪＲ東海道本線との乗換駅でもある京阪石山駅を出て、石山寺へと向かう線路をわずか３００メートルほど走った地点にある。その間、Ｓカーブを描いて民家の軒先を抜けてくる。

付近は商店街になっているため、にぎやかな一帯だ。それだけに踏切道を往来する人も多い。踏切注意の表示に加えて踏切警標が多いのも当然なのかもしれない。

同じくコンクリート柱の中にある踏切だが、こちらは渡る人が多い。

小田急電鉄 小田原線

代々木八幡〜代々木上原

高架下を行き交う多彩な車両群

所在地：東京都渋谷区
アクセス：小田急電鉄小田原線代々木八幡駅から徒歩すぐ。

夜の踏切かと見間違えそうだが、高架橋の隙間から漏れている光から、日中であることがわかる。

この薄暗い高架下踏切は、小田急代々木八幡駅のすぐ西側に位置している。ユニークなのは、もともと日の当たるところにあった踏切だということだろう。

かつては代々木八幡駅のホーム端にあった踏切だが、10両編成が停車できるようホームを延伸することになり、延伸する2両ぶんほど踏切の位置を移動したところ、ちょうど高架下だったのだ。

高架上は山手通りと呼ばれる環状6号だ。

この道路は都道317号でもあるので、高架下に踏切を移設する許可が東京都から出やすかったと想像できる。

不気味に光る電車の先頭部は、高架のすき間から漏れた光によるもの。昼でも薄暗い高架下に移設された踏切だ。

すぐ西に位置する代々木上原駅で東京メトロ千代田線と分岐していて、乗入列車はそちらに行く。とはいえ、小田急のターミナルである新宿駅から3キロ弱の場所だけに、通過する列車本数は多い。

上下それぞれ日中でも1時間に15本ほど通る。なかには箱根湯本や片瀬江ノ島、ときにはJR御殿場線に乗り入れて御殿場まで行く特急もあるので、車両のバラエティも豊かだ。

通過する列車を飽きずに見ていられる踏切でもある。

電車がやってくる。手前の遮断機はまだ閉まりかけたところ。警報機が林立している。

東京都交通局 荒川線

向原〜東池袋四丁目

踏切は続くよ、どこまでも

やってくるのは都電。その前には、踏切がいくつも連なっている。いちばん手前左側にある踏切は、いま遮断機が降り始めたところだ。

遠くの警報機が鳴り出すと、それが次第に手前に伝播してくる。それを追いかけるかのように、遮断機が順番に降りていく。遠ざかるときはその逆だ。

都電で唯一残った荒川線は路面電車だが、実際に道路を車と一緒に走る併用軌道区間は多くない。ほとんどの場所は、このような専用軌道となっている。そのおかげで定時性が保たれ、期待した時間で目的駅に到着することから利用者が多い。

それだけに踏切も多いのだが、意外にも、多数の踏切を見通せるところは多くない。くねくねと曲がった線形ばかりのためだ。また、かつての踏切が整理され、閉鎖されたところも多々あるようだ。

その点、ここ向原〜東池袋四丁目間は工事でいくぶん線形が変わったものの、ユニーク踏切が多くて楽しい区間となっている。

所在地：東京都豊島区

アクセス：東京都交通局荒川線向原駅から徒歩数分。

旧築地引き込み線　汐留〜築地

銀座に残された唯一の踏切

所在地：東京都中央区
アクセス：築地市場駅、新橋駅、汐留駅などから徒歩約10分。

踏切があった証として銀座に残る警報機。案内板がなければ、意味がわからないだろう。

踏切警報機が建っている。でも、なんか変だ。

それもそのはず、周りに線路はない。傍らにある立て札には、「銀座に残された唯一の鉄道踏切信号機」と記されている。

銀座といっても汐留に近く、浜離宮庭園のすぐ北に位置するのだが、この警報機の後方に続く道の延長上には、かつて魚河岸と呼ばれた築地市場があった。

築地市場はすったもんだの末、平成30（2018）年に沖合の埋め立て地にある豊洲市場に移転したが、昭和10（1935）年の開業時には、汐留から引き込み線が通じていた。

汐留は再開発されて汐留シオサイトとなっているが、もとは明治5（1872）年に日本初の鉄道として新橋〜横浜間が開業したときの、新橋駅のあったところだ。

その新橋駅がいまの位置に移動したあと、跡地が貨物用の汐留駅として昭和61（1986）年まで使われていた。そこから築地までの引き込み線跡をいまに伝える踏切警報機なのだ。

大阪キタの朝を関空特急「はるか」がゆっくりと通過。

JR西日本 梅田貨物線

新大阪〜福島

大阪キタのビル街を走り抜ける「はるか」

寒い冬の日、ようやく昇ってきた太陽が高層ビルから顔を出した。踏切で陽があたっているのはまだ右側の一部だけ。そこを、関空特急「はるか」が通過していく。

ここは梅田貨物線と呼ばれる東海道線の一部で、かつては貨物列車だけが時折思い出したように走っていた。ところが、国鉄がＪＲとなり、大阪の南に関西国際空港ができると、京都や東海道新幹線新大阪駅と空港を結ぶ列車が必要となる。そこで、ＪＲ西日本は貨物線に旅客列車も走らせることにした。

大阪駅からほど近いこの踏切は単線。さらに線形がよくないので、さほどスピードを出せない。そこを「はるか」に加えて南紀特急「くろしお」も通過するため、いまや増発の余地がない。

一方、梅田にあった貨物ヤードは移転し、いまでは再開発が進んでいる。その大阪駅に隣接した地下に新駅を建設中だ。完成にはまだ10年以上を要する見込みだが、その前にこの踏切は消え去ってしまうだろう。

所在地：大阪府大阪市

アクセス：大阪駅、梅田駅、福島駅などから徒歩約10分。

高層ビル群の間近に佇む大都会の踏切

小田急電鉄 小田原線

新宿～南新宿

新宿駅近くにある「開かずの踏切」

小田急新宿駅を出発した電車は、すぐに踏切に差しかかる。駅からわずか約400メートルと、大都会とは思えない貴重な踏切といえるだろう。常に踏切待ちの人がいる「開かずの踏切」となっている。

近畿日本鉄道 名古屋線

米野駅

名古屋駅の高層ビル群が間近に迫る

近鉄米野駅の構内踏切からは、名古屋駅の高層ビル群が見える。近鉄名古屋駅からの駅間距離は1.1キロ。その先に業務用の踏切が二つあり、近鉄名古屋駅から700メートルほどと、上の新宿に次ぐ近さだ。

名踏切の"いま"

時代とともに、次から次へと姿を消していく踏切たち。
かつては「名踏切」として親しまれた踏切の過去、そして現在の姿を紹介しよう。

高架下に鉄道用機器を並べた「武蔵境ぽっぽ公園」。廃線跡らしい公園施設だ。

高架化の完成で、回遊歩行空間「ののみち」が誕生した。

JR東日本　中央本線
武蔵小金井〜武蔵境

社会問題になった踏切が高架化して大変貌

中央線の武蔵小金井〜武蔵境間には、開かずの踏切が四つあった。

JR東日本は平成15（2003）年末に高架化を発表し、すぐに工事に着工したものの、高架化をするにはまず線路を隣に移設して高架用地をつくる必要があり、踏切道の長さが伸びた。そうでなくても開かずの踏切となっていた区間であり、駅前後の列車速度が高くないところでは、渡り始めるとすぐに警報機が鳴るような状況で、高齢者が犠牲になって社会問題にもなった。

高架が完成し整備を進めた結果、平成26（2014）年には武蔵境駅から東小金井駅にかけての高架下に回遊歩行空間「ののみち」が誕生した。個性的な店が進出し、歩いて楽しむ一帯へと変身したのだ。その一角には「武蔵境ぽっぽ公園」も設けられた。

昔の様子

産業道路を遮って、京急が踏切を横切っていた。

現在

踏切跡は車の渋滞場所に。それでも車の流れが6割も向上したという。

京浜急行電鉄 大師線
産業道路（現・大師橋）～小島新田

踏切の廃止によって車の流れが6割アップ

京急大師線はわずか4・5キロの盲腸線だが、京急電鉄のルーツとなる路線である。途中、産業道路と交わる踏切があり、四六時中渋滞する車を待たせて電車が行き来していた。そこで川崎市は同線の地下化を計画し、平成31（2019）年3月に立体交差化を実現し、産業道路第一踏切等を廃止した。

踏切警報機や遮断機は廃止と同時に撤去されるという異例の早さで、後日現地に行くと、レールだけが残っていた。踏切跡は相変わらず車が渋滞していたが、踏切廃止により、産業道路の車の流れが平均で約6割向上したと川崎市は成果を公表した。

名古屋鉄道　名古屋本線
神宮前～金山

JR東海　東海道本線
熱田～笠寺

移設保存された JR東海最後の有人踏切

三つの有人踏切が連続し、それぞれが連携して遮断機を上げ下げすることで知られていた名鉄神宮前駅北側に隣接する踏切は、平成24（2012）年6月末をもって廃止された。

踏切跡にはエレベーター付の高架歩道橋が整備されて、いまではかつての踏切の様子がわかりにくくなっている。

名鉄の神宮前1号踏切に2人の踏切警手、JR東海の御田踏切に1人の踏切警手が詰めていたが、そのうちの御田踏切はいま、リニア・鉄道館に保存されている。JR東海として最後となる有人踏切だったため、移設保存されたのだ。遮断機を上げ下げしていたハンドルも間近に見られる。

昔の様子

遮断かんは半開にして、車は手前、歩行者と自転車は踏切の中洲で踏切が開くのを待っていた。

現在

歩行者自転車用高架橋が完成し、ぱっと見では踏切跡がわからなくなった。

リニア・鉄道館で保存されているJR東海最後の有人踏切「御田踏切」の機器。

JR西日本　東海道本線
東淀川駅

橋上駅舎化で廃止された有人踏切

新大阪駅から北へ700メートルにある東淀川駅には、前後に有人踏切が続けてあった。

北宮原第一・第二踏切と南宮原踏切で、東西自由通路を新設して東淀川駅を橋上駅舎化することで廃止することができた。平成30（2018）年11月11日のことで、ひと月後に現地へ行ったところ、しっかりと二重の防護柵をしたうえで、「進入禁止」の看板を立ててあった。

近くの跨線橋から見下ろすと、踏切道には「止まるな」と大書してある。いちばん手前と奥の2本の線路を除いて、レール間にあった段差解消用の枕木は撤去されていた。順次撤去する作業の途中だったようで、その後にすべてが撤去された。

昔の様子

線路間に残る踏切道時代の「停まるな」警告。

かつては踏切警手も詰めていた。

現在

踏切跡に間違っても立ち入らないように、厳重な防護対策がされている。

昔の様子

かつてあんどん式だった「汽車・電車」が、ドット表示になっても見られた。

現在

方向指示器に「JR」「一畑」と白字で記されている。性能は向上したものの、味気なく感じる。

JR西日本 山陰本線
出雲市〜直江

一畑電車 北松江線
出雲科学館パークタウン前〜大津町

いまはもう見られない方向指示器の汽車・電車

踏切警報機の方向指示器に「汽車」「電車」の文字が点灯する踏切があった。「汽車」はJR西日本山陰本線、「電車」は一畑電車のことで、地元での両鉄道の呼ばれ方がわかる例として興味深いものだった。しかし、本書執筆のため現地を再訪したところ、矢印式方向指示器に「JR」と「一畑」の表記があるだけだった。

かつて鉄道は、蒸気機関車が客車や貨車を引っ張っていたので「きしゃ」と呼ばれ、親しまれていた。全国的に「きしゃ」だったのだ。その後に電車が登場するが、その初期は路面電車……いわゆる市電だった。

そこで、私鉄や市電を「電車」、JRを「汽車」と呼ぶのは、今も地方を中心に全国的にみられる習慣だ。

えちぜん鉄道 勝山永平寺線

新福井駅

新幹線用高架橋にあった踏切

立派な複線区間を走るのは、えちぜん鉄道の電車。単行電車がこんなに整備された高架上を走るのは不思議だ。しかも、高架鉄道には不似合いな構内踏切がある。

種明かしをすると、ここは北陸新幹線の敦賀延伸用につくられた高架橋上だ。そこを平成27（2015）年9月27日から平成30（2018）年6月25日まで、えちぜん鉄道が間借りしていた頃の写真だ。福井駅はJRもえちぜん鉄道も地上駅だったが、北陸新幹線の開通を見越して全線を高架化した。ところが、えちぜん鉄道には高架化するために現在線をつけ替える土地がなかった。そこで、一足先に完成する新幹線福井駅とその北側の高架橋を借りて営業し、自線の高架橋ができたところで撤退したのだ。線路敷きは本来の新幹線用に敷き直され、同時に高架上の構内踏切も廃止された。

新幹線用高架橋に一時的に造られた構内踏切。線路間の溝は、線路に積もった雪の捨て場所となる。

昔の様子

昔の様子

真岡鐵道、JR水戸線、関東鉄道常総線と第四種踏切が三つ連続していた。

現在

踏切廃止の案内板の先は、雑草だらけになっていた。

真岡鐵道　真岡線	JR東日本　水戸線	関東鉄道　常総線
下館～下館二高前	下館～玉戸	下館～大田郷

三連続していた第四種踏切の跡

ＪＲ水戸線下館駅は、関東鉄道常総線と真岡鐵道に乗換ができる駅だ。この3線は下館駅から西へ約３００メートル並走したうえで、それぞれの行き先へと向かっていく。その並走区間の西端付近に、歩行者専用の踏切があった。3線それぞれに一つずつ第四種踏切があり、それが連続しているという珍しいところだった。

本書執筆のため現地確認に行くと、踏切があったところには柵があり、平成30（２０１８）年2月23日午前10時頃に廃止との案内があった。終電後に廃止というケースが多いなか、午前10時頃に廃止というのはなかなか珍しい。廃止理由に「事故防止のため」と書いてあるとおり、痛ましい事故が発生したことが廃止の決め手になったという。

PART 7

ナンバーワン&オンリーワン踏切

数多ある踏切のなかに、
一際輝く孤高の踏切がある。
そんなナンバーワンと
オンリーワンの踏切を集めてみた。

山手線唯一の踏切にある交通標識は、蒸気機関車のイラスト！

JR 東日本 山手線 ｜ 田端～駒込

山手線に唯一現存する踏切

所在地：東京都北区
アクセス：JR東日本山手線駒込駅から徒歩約５分。

古めかしい蒸気機関車のイラストが、この先に踏切があることを案内している。その踏切をいま横切っているのは、なんと、山手線。

ここは山手線に残る唯一の踏切で、駒込～田端間にある。都心をグルッと一周する山手線の、一番北のあたりだ。すぐ下に見える線路は湘南新宿ライン。この湘南新宿ラインがここから北に向かうのに対して、山手線は南に向かう。どちらも列車本数が多いため平面交差は現実的でなく、立体交差させる必要がある。結果として、山手線の踏切が残ってしまったのだ。

ちなみに、山手線は湘南新宿ラインをオーバークロスすると、一気に下って田端駅に進入する。だからといって、湘南新宿ラインをアンダークロスするほど下降するのは難しそうだ。路線設計の担当者が大いに頭を悩ませたであろう事が、この地形をみると容易に想像できる。

日本で環状運転をしている鉄道は、JR東日本の山手線とJR西日本の大阪環状線、それに名古屋市交通局の地下鉄名城線や、舞浜リゾートラインという東京ディズニーリゾートを一周するモノレールもある。ほぼ環状運転をしている線区としては、千葉県の新交通システム・山万ユーカリが丘線や東京都営地下鉄大江戸線もある。

しかし、地下鉄やモノレール、それに新交通システムにはもともと踏切がない。大阪環状線の踏切もいまは全廃された。結果、日本の環状線で唯一の踏切が、この山手線の踏切なのだ。

JR鉄道最高地点の碑の前にある踏切を通過する小海線の列車。

JR東日本 小海線

野辺山〜清里

日本の鉄道線の最高地点は踏切

　日本の普通鉄道で最も高いところを走っているのは、JR東日本小海線の清里〜野辺山間だ。

　標高1375メートルにあり、背後にそびえる八ヶ岳連峰とともに、高原列車のイメージ通りの区間として人気がある。

　その最高地点に踏切がある。つまり、これが日本一高いところにある踏切だ。踏切の傍らに勾配標があり、上り下りどちらも下を向いている。

　ここがまさに峠で、上下列車はどちらも踏切を通過するとエンジン音が静かになる。

　この最高地点付近は観光名所となっていて、写真にも「JR鉄道最高地点標高一三七五m」の碑が写っている。その右下には鉄道神社もある。

　ローカル線の小海線なので、列車は思い出した頃にやってくるだけだが、観光シーズンともなれば、どこからともなく観光客が現れて、踏切を通過する列車を見送っている。

　週末を中心に走る観光列車の名称も「HIGH RAIL1 375」と最高地点の標高を冠している。

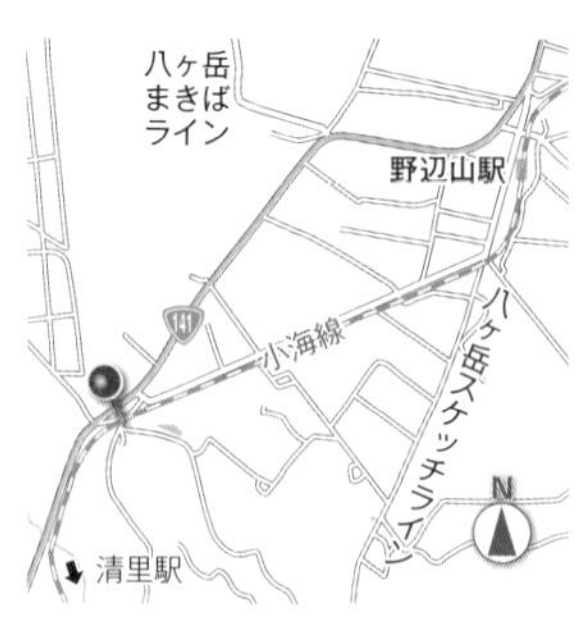

所在地：長野県南佐久郡

アクセス：JR東日本小海線野辺山駅から徒歩約40分。

近畿日本鉄道 名古屋線

佐古木～近鉄弥富～近鉄長島

日本一〝低い〟踏切はどこ？

日本一低い場所にある踏切は、実のところはっきりとしない。

かつては日本一標高が低い地上駅として、ＪＲ東海関西本線の弥富（やとみ）駅が、標高マイナス０・93メートルをホームに記していた。しかし、やや海寄りにある近鉄弥富駅のほうが低い位置にありそうだ。

さらに、両駅の前後をみると、微妙に線路高が上下していて、そのあいだに踏切が点在するため、本当のところがわからないのだ。ＪＲ東海も近鉄も標高については公表していない。

国土地理院の地図で調べると、近鉄弥富駅両端にある踏切がともにマイナス１・６メートル。ＪＲ弥富駅の名古屋方二つ目の踏切も同じ値になる。これらが最も低いといえそうだが、どうにも裏づけが取れないのだ。

国内で最も低い位置にあるこれらの踏切には、「津波時の緊急避難場所」の案内が取りつけられている。

昭和34（１９５９）年の伊勢湾台風時に大きな被害を受けた、ゼロメートル地帯と呼ばれる土地ならではの案内である。

所在地：愛知県弥富市

アクセス：近畿日本鉄道名古屋線近鉄弥富駅などから徒歩。

緊急避難場所を明示する海抜ゼロメートル地帯の踏切。

近畿日本鉄道／JR東海／三岐鉄道

桑名～朝日・益生／西桑名～馬道

三つの異なるゲージを渡る踏切

所在地：三重県桑名市
アクセス：西桑名駅から徒歩数分。
桑名駅から徒歩約５分。

線路はレールとレールの幅（ゲージもしくは軌間）が決まっている。当たり前のことで、そうでなければ鉄道車両が脱線してしまう。

日本では、ＪＲ在来線の１０６７ミリゲージと、新幹線の１４３５ミリゲージがよく知られていて、私鉄もほとんどがどちらかのゲージを使用している。

ところが、一部に７６２ミリゲージを使っている路線がある。三重県の三岐鉄道北勢線、四日市あすなろう鉄道、富山県の黒部峡谷鉄道だ。

ＪＲ関西本線と近鉄名古屋線の桑名駅近くにある西桑名駅から出ている三岐鉄道北勢線は、発車してすぐにほかの２線と並走する。関西本線は１０６７ミリゲージで、近鉄名古屋線は１４３５ミリゲージだ。

その３線が平行する区間に、一つだけ踏切がある。

この踏切が日本で唯一、三つの異なるゲージを渡る踏切だ。東側から、北勢線７６２ミリ、ＪＲ関西本線１０６７ミリ、近鉄名古屋線１４３５ミリと、なんとも行儀よく（？）ゲージが広くなっていく。

その様子を確認しながら渡ることができるので楽しい。

関西本線と近鉄名古屋線のあいだには空き地があり、踏切を渡っているときに両方の踏切が鳴り出して、この空き地で退避することもある。フミキリストとしては、それが至福のときとなるのだ。

北勢線編成の最後尾あたりに３ゲージを渡る踏切がある。北勢線に続いて、JR関西本線、いちばん左が近鉄名古屋線。

1435mm軌間の近鉄がいちばん奥を横切る。

1067mm軌間のJRが真ん中を横切る。

762mm軌間の三岐鉄道北勢線がいちばん手前。

復活した四日市踏切を横切る電車。

JR西日本 可部線

可部～あき亀山

暫定的に復活した「廃止踏切」

可部駅
可部線
あき亀山駅
四日市踏切
河戸帆待川駅
太田川
54

所在地：広島県広島市
アクセス：JR西日本可部線あき亀山駅から徒歩約５分。

踏切の新設は国土交通省が原則として認めていない。まして、一度廃止された踏切が復活することなどありえない……はずだ。ところが、見事に復活を果たした踏切が広島県にある。

ＪＲ可部線は、かつて四国山中の三段峡まで伸びる路線だったが、平成15（２００３）年に可部～三段峡間が廃止された。

可部以南は電化されていたため存続し、可部以北は非電化だったため廃止されたのだが、可部に近い約２キロは住宅地があり、さらに市立安佐市民病院の移転計画もある。このため、現役時代から路線存続の要望が強く、廃止後も路線再開について模索が続いていた。

その経緯から廃止後も線路敷きは保全されたものの、運転再開のネックになったのが踏切の存在だった。そこで、広島市とＪＲ西日本が国土交通省と交渉を重ねた結果、踏切を大幅に減らしたうえで、地域住民にとってどうしても必要な四つの踏切に限って認められることとなった。

平成28（２０１６）年に廃止路線と

一部踏切の復活という、前例のない画期的なことが起きた。可部～あき亀山間1・6キロが電化開業したのだ。途中にある四つの踏切のうち最も可部寄りの踏切は、歩行者専用で車両は通行できない。続く二つの踏切は一般的な第一種踏切だ。

あき亀山に近い四日市踏切は、他と異なり暫定認可された踏切となる。筆者が訪ねたときは、ちょうど近くの桜が満開だったが、見てのとおり何の変哲もない踏切に見える。しかし、ここはいずれ立体交差化される前提で、暫定認可を受けた踏切となっている。

四日市踏切道から可部側をみると、線路左側に妙な空き地がある。かつて河戸（こうど）駅のホームがあった場所だ。

令和4（2022）年春に移転が予定される市民病院近くにあき亀山駅が新設されたため、復活には至らなかった。

四日市踏切の踏切道から可部方面をみると、線路左側にあったホーム跡が空き地となっていた。

河戸駅ホームがあった頃に撮った写真を見ると、先の空き地にホームがあったことを確認できる。

河戸駅のホームから撮った写真には、ホームの先すぐのところにレールをアスファルトで覆った舗装道路が横切っている。ここが四日市踏切だ。

桃太郎踏切を電気機関車“桃太郎”が横切る。

桃太郎が横切る「桃太郎踏切」

門型の踏切ガードの上部中央に桃から生まれた桃太郎のキャラクターがある。その右側を見ると「桃太郎踏切」と記されている。通過中の電気機関車は、運転席の下に小さく「桃太郎」と記されている。

そう、桃太郎踏切を桃太郎が横切っているのだ。

ここは四国の香川県高松市にある予讃線の踏切で、最寄りは鬼無駅。文字どおり鬼がいないとの言い伝えが残る地だ。それも、桃太郎が鬼退治をしてくれたおかげとか。

駅近くには桃太郎神社、鬼ケ塚、柴山、キジケ谷などがあり、近くを流れる本津川が瀬戸内海に流れ出ると、鬼ヶ島と呼ばれる女木島があるなど、伝承の地ならではの神社や地名が多く見られる。

鬼無駅のホームには桃太郎電鉄のモニュメントもある。なんともユニークな桃太郎の里ではないか。

令和2（2020）年2月、JR貨物は「桃太郎」の愛称を持つ電気機関車EF210形の側面に、桃太郎とイヌ、サル、キジのイラスト画を順次ラッピングすると発表した。桃太郎踏切を通過するところを早く見たいものだ。

香西駅
177
予讃線
瀬戸大橋線
鬼無駅
本津川

所在地：香川県高松市
アクセス：JR四国予讃線鬼無駅から徒歩約10分。

PART 8

おかしな踏切道

踏切道にも、
ユニークなものがたくさんある。
個性全開の踏切道たちを集めてみた。

津軽鉄道

大沢内〜川倉など

「敷板なし」踏切

所在地：青森県北津軽郡
アクセス：津軽鉄道大沢内駅から徒歩約10分。

津軽鉄道を写そうと歩いていたら、「注意　敷板なし」の看板を建てたうえ、遮断かんにロープをくくりつけて踏切道を通行止めにしている踏切を見つけた。

最初は、何かよほどのことでもあっ

たのかと思ったが、現れる踏切の多くに同様の処置がなされている。そこで意図的な対応だと気づいた。

いずれも「注意」とは書いてあるが、「渡るな」とか「進入禁止」とは書いていない。どうやら歩いて渡るぶんには問題ないようだと判断して踏切内に入ってみた。

踏切道のレール間にあるべき敷板が外されている。これでは、車がついた車両は利用できない。

するとビックリ！　レール間にあるはずの踏切道用の敷板がないのだ（上写真）。踏切道がないといってもいいかもしれない。踏切道であるはずのところは、枕木と敷石が見える線路敷きがあるばかりだ。

これでは二輪車だと転倒してしまうだろうし、軽トラでもレール間にはまって抜け出せなくなるかもしれない。

帰りがけに乗ったストーブ列車で、このことをアテンダントさんに訊ねると、すぐに運転士さんに確認してくださった。案の定、津軽鉄道としての冬対策だった。津軽鉄道では、積雪があるときにラッセル車を走らせる。その際、踏切道が除雪の邪魔になるため、冬季になると敷板を取り去るのだそうだ。

訪れたのは12月初旬だったが、幸いなことに根雪がなかったのでこの様子を見ることができたようだ。

「注意　敷板なし」との案内板がある踏切。徒歩で渡ることはできる。

長い坂道を下ってくる江ノ電。路面電車のようだが、江ノ電は鉄道線だ。

江ノ島電鉄

江ノ島～腰越

長さ日本一の踏切？

湘南モノレール
湘南江の島駅
江ノ島駅
江ノ島電鉄
腰越駅
腰越海岸

所在地：神奈川県鎌倉市
アクセス：江ノ島電気鉄道腰越駅から徒歩すぐ。

道路の真ん中を走る〝江ノ電〟。よくマスコミで取り上げられる光景だが、江ノ電は鉄道線であって、軌道線ではない。軌道線なら路面電車なので珍しくもないが、鉄道線が道路の真ん中を走っているのだから、これは一種の〝ながぁ～い踏切〟といえよう。

かつて、名鉄が愛知県と岐阜県の県境にある犬山橋を道路と供用していたが、それと同じ状態だ。

この江ノ島～腰越間は駅間距離が600メートル。そのうち約450メートルが道路上を走っているので、日本一長い踏切といえるかもしれない。

その対応策として、電車が近づいてくると、架線の近くにある電光表示が「電車」「接近」を交互に点滅するなど、工夫をしている。

それでも足りないのか、電柱下部にも「前方　後方　電車注意」の表示が連続して貼ってある。単線なので、同じ線路を電車が行ったり来たりするため「前方　後方」という表現になったのだろう。

熊本電気鉄道　藤崎宮前〜黒髪町

どこでも渡れる!?〝ながぁ〜い踏切〟

所在地：熊本県熊本市
アクセス：熊本電気鉄道黒髪駅、藤崎宮前駅から徒歩数分。

道端ではあるものの、こちらも江ノ電同様に道路と鉄道線が同じ道を走っている。ここは、熊本市の北部と合志(こうし)市を結ぶ熊本電気鉄道の藤崎宮前(ふじさきぐうまえ)〜黒髪町(くろかみまち)間。わずか150メートルほどの距離で、その両端には踏切がある。

江ノ電と違って、車道と電車道が分離されているように見えるが、よく見てほしい。左端の郵便ポストは線路の向こう側だ。その郵便ポストの先にあるカーブミラー付近は、電車道とのあいだにラインが敷かれているとはいえ、れっきとした歩道だ。歩行者は、この〝ながぁ〜い踏切〟の任意の場所を渡ることができそうだ。

じつは、この歩道に沿って建つ民家の玄関は線路に向かっていて、なかには駐車場を設けている家もある。つまり、駐車場への車の出し入れは、電車道を使って行なうのだ。そのためにカーブミラーを取りつけてあるのだろう。

クネクネとカーブする線路は道端に敷かれている。左端の郵便ポストの立ち位置に注目。

草むらの先に踏切があるが、たどり着くには雑草を踏み分けていくしかない。

JR 東日本 大糸線　安曇沓掛～信濃常盤

なぜか 渡れない踏切!?

所在地：長野県大町市
アクセス：JR東日本大糸線安曇沓掛駅から徒歩約５分。

大糸線の有名撮影地に向かうために歩き出したところ、雑草の生い茂った先に踏切警標があることに気づいた。ところが、その踏切に至る道がない。

このミステリーを解こうと、大回りをして踏切の反対側に行ってみた。そこには「5m先の踏切道」の注釈がついた車両通行止め標識はあるものの、その下は雑草ばかり。

どう見ても人が歩いた形跡がない。

でも、よく見ると雑草の右側は生い茂った木々だし、車両通行止め標識の左側は植生の違う雑草となっている。これでようやく合点がいった。この白い花を咲かせた雑草の生えているところが踏切道への道なのだ。

長年、多くの踏切を見てきたが、踏切道にたどりつけない取付道は記憶にない。人一人がようやく歩ける道だったり、雑草のなかに人一人が歩く足幅の土が見えていたりするのは多く見たのだが……。

もう一度、大回りをして最初の光景を見直した。

そこで目に入ったのは標識の文字「ふみきり注意　とまれ!」。私はかなり手前で止まってしまい、そこから先に進めないんですけど……。

後日、春先に同じ踏切に行ってみた。すると、しっかり下草が刈られていて、踏切を渡ることができた。農繁期に使っている踏切のようだ。

踏切の反対に回ってみたが、こちらも人が歩いた形跡はなかった。

車の前輪はほぼ線路の上。その先の線路２本を越えたところに遮断機がある。

JR東海／名古屋鉄道

豊橋〜西小坂井・船町／伊奈

線路と線路のあいだに遮断機が⁉

所在地：愛知県豊橋市
アクセス：JR東海飯田線船町駅から徒歩約５分。

遮断機が降りて、電車がやってきた。ここまでは普通の光景だが、よく見ると、手前の遮断機は線路と線路のあいだに建っている⁉　手前の車のタイヤのところにもレールがあるようだ。

遮断機の位置がなんとも不思議だが、もともとは手前の車よりさらに下がった、線路のないところにあった。ところが、遮断機より手前の線路は貨物ターミナルへと続く貨物側線で、その貨物ターミナルがいまはオフレールステーションになったため、貨物側線そのものがいらなくなってしまったのだ。

オフレールステーションとは、貨物駅からコンテナをトラックで運んできて、コンテナの荷扱いをする場所をいう。線路がない鉄道コンテナ駅ということでその名がついた。全国に展開されていて、なかにはこの豊橋オフレールステーションのように、かつて線路でつながっていたものの線路を使うのをやめたオフレールステーションもある。

すでに線路を使っていないため、よく見ると手前の車の上に写る柵は線路をまたいで遮断機近くまで続いている。

JR九州 鹿児島本線

宇土～松橋・緑川

なぜそこに警報機と遮断機が⁉

レール間に枕木を並べた踏切道の先を見ると、遮断機が閉まり、警報機が鳴っている。そこから先にも踏切道が続き、列車が通過している。これまた警報機と遮断機がおかしなところにある踏切だ。

ここは熊本県の宇土(うと)駅南側で、鹿児島本線と三角(みすみ)線が分岐する直前のところだ。手前の線路は保線用車両を留置したり入れ換えたりする線路となっている。保線用車両は通常日中は動かないし、頻繁に動くものでも高速で動くものでもないため、必要に応じて関係者が安全確認をしているのだろう。

このようにふだん使わない線路でも、その手前に警報機と遮断機を設置するケースも多いのだが、この踏切はそれよりも営業線を渡る時間を短くすることを優先しているようだ。なにせ、九州新幹線が開業するまで、ここは特急列車が高速で次々に通過していたのだ。

どうみても踏切道。その中ほどに遮断機と警報機。

所在地：熊本県宇土市

アクセス：JR九州鹿児島本線宇土駅から徒歩数分。

JR東日本 横須賀線

逗子〜東逗子

7本もの線路を渡る踏切

所在地：神奈川県逗子市
アクセス：JR東日本横須賀線逗子駅から徒歩約10分。

電車が踏切道を通過しようとしている。

踏切注意柵の手前から見ているのだが、その電車の先にも注意柵があり、年配の方が渡っている。警報機も遮断機もない第四種踏切で、かつ長い。

ここはＪＲ横須賀線逗子(ずし)駅の東側で、逗子駅で折り返す編成を留置する場所への構内移動箇所にある。写真の電車は留置線に入ろうとしている編成。だから、ゆっくりと近づいてくる。

一方、年配の方が渡っているところは横須賀線の本線で、駅に近いため高速ではないものの、そこそこの速度で通過していく。

留置線への線路は目の前で分岐しているが、このあたりでは３本で、横須賀線の本線は複線なので２本。さらにその先には、総合車両製作所で製造した新車を回送してＪＲ線に送り込むための専用線が１本ある。全部で７本の線路を渡ることになる第四種踏切だ。

距離にして40メートル弱。電車約２両ぶんの長さだ。

踏切の先をまだ人が渡っているのに、手前の線路に電車がやってきた。

思わず立ち止まる風変わりな「踏切道」

高松琴平電気鉄道　琴平線
高松築港〜片原町

渡ろうと思っても渡りきれない!?

遮断機が開いているので線路を渡ろうとしたところ、そこで足が止まった。渡った先にロープが張ってあり、渡りきれないのだ。かつてこの先は駐車場になっていたのが、使われなくなった結果のようだ。

小湊鐵道
海士有木〜上総三又

踏切道がなんと古レール！

踏切道は、枕木やアスファルトで高低差を埋めているケースが多い。ところが、小湊鐵道の海士有木〜上総三又間ではなんと古レールを並べていた。廃材利用で少々の通過交通にもびくともしないだろうが、珍しいケースだ。

JR西日本 境線 | 後藤駅

駐車場に続く構内踏切

駅から出ようとしたら、警報機が鳴って対向列車がやってきた。構内踏切を渡った先は駐車場になっている。何とも素っ気ない駅前だと思ったら、駅本屋はホーム反対側にあった。かつてこちらは駅の裏口だったのだろう。

真岡鐵道 | 北真岡〜西田井

踏切道はどこ!?

踏切注意柵が線路の手前と向こうにある。こんなところに踏切がと思って足を止めたが、どこをどう見渡しても踏切道がない。このあたりなら、どこでも自由に渡ってくださいということだろうか。

PART 9

珍景踏切

土地に根づいた踏切には、
個性あふれる面々がいる。
そんな「珍景踏切」を楽しもう。

伊予鉄道 高浜線・市内線

大手町駅

電車が踏切で電車待ち

踏切が閉まると、人も車もそこで停まる。そんな踏切待ちの様子は、ヒット曲の歌詞になったり映画のワンシーンになったりするほど、人々の印象に残る光景でもある。

その踏切待ちを、人や車とともに電車までしてしまうのが、ここ松山市大手町にある伊予鉄道の踏切だ。

JR松山駅前の道を300メートルほど進んだところにあり、伊予鉄道高浜線の大手町駅に隣接している。電車は発車直後か駅到着直前のため、ゆっくりと通過していく。

踏切のある道は見ての通り片側2車線あり、その真ん中に伊予鉄道市内線の路面電車が通っている。このため、踏切が鳴り出してからやってきた路面電車は踏切待ちとなり、人や車とともに高浜線の電車が通過するところを待つことになる。

踏切の手前には大手町電停があるので、ここで乗降客扱いをしているあいだに踏切が開くこともある。でも、客扱いをして発車しようとしたところで踏切が鳴り出してしまうこともある。

予讃線
伊予鉄高浜線
松山駅
伊予鉄環状線
19
大手町駅
N

所在地：愛媛県松山市
アクセス：伊予鉄道高浜線・市内線大手町駅から徒歩すぐ。

高浜線の電車が通過するのを踏切で待つ、市内線の赤い電車。

踏切に足止めされるかどうかは、まさに運次第といえよう。

踏切内では高浜線と市内線の線路が直行しているため、通過するときの音にも注目したい。警報機の音をＢＧＭにして、タンタンタンタン……と軽快な音で市内線を越えていく。

踏切待ちを終えて発車した路面電車も連続した音で通過するのだが、こちらはガッタン・ガッタンと重たそうな音で高浜線を越える。この違いがまたおもしろい。

観光客向けの坊っちゃん列車が来るとまた違う音を楽しめる。

踏切を封鎖するのはなんと列車!?

所在地：埼玉県秩父郡
アクセス：秩父鉄道秩父本線親鼻駅から徒歩すぐ。

踏切を貨物列車が横切るのに、遮断機は上がっている。

貨物列車がいるにもかかわらず、踏切の遮断機は上がっている！

けっして故障ではない。秩父鉄道は単線で、貨物列車は反対からやってくる列車を待避するために、駅で停車している。その停車位置が、たまたま踏切をまたいでいるのだ。停車中は踏切が動作せず、遮断機が上がっている。

踏切にある立て札には「踏切通行者の皆様へ」と題した一文があり、「貨物列車が踏切をふさぐ時間帯」が平日と土休日に分けて一覧で掲載されている。これを見ると、貨物列車が踏切をふさぐ時間は2分から24分までバラツキがある。電車のホームは踏切の先にあるので、ギリギリの時間に行くと乗れないことになるので要注意だ。

踏切脇には、貨物列車が踏切をふさぐ時間帯が一覧表示されている。

廃線跡を走るバス用の遮断機。

茨城交通 ひたちBRT

久慈浜

バスにだって踏切がある！

踏切は、鉄道と道路が交差するところと相場が決まっている。ところが、バスにも踏切がある。

ここはひたちBRTという、日立電鉄の廃線跡を使ったバス専用道路だ。廃線跡をそのまま使っており、途中に踏切もある。ところがバスには鉄道のような優先権がないので、遮断機はバスを止める方向に取りつけられている。鉄道線だった頃は道路側の車を止めていたため、遮断機の方向が90度変わり、止める対象が逆になった。バスが近づくと、遮断機は自動的に上がる。バスはそこでいったん停車して、安全確認をしたうえで「道路を渡ってくる」ことになる。鉄道時代と逆さまなのだ。

ただし、この遮断機の主な目的は、一般車が間違ってバス専用道に侵入しないようにすることのようだ。バスが遮断機が開くのを待つようなものではない。

BRT（20ページ参照）は、バスによる高速輸送システム。バス専用道やバスレーンを使って、一般車の影響を受けることなく決まった時刻どおりに走り、目的地まで早く着くことができるシステムとして注目されている。

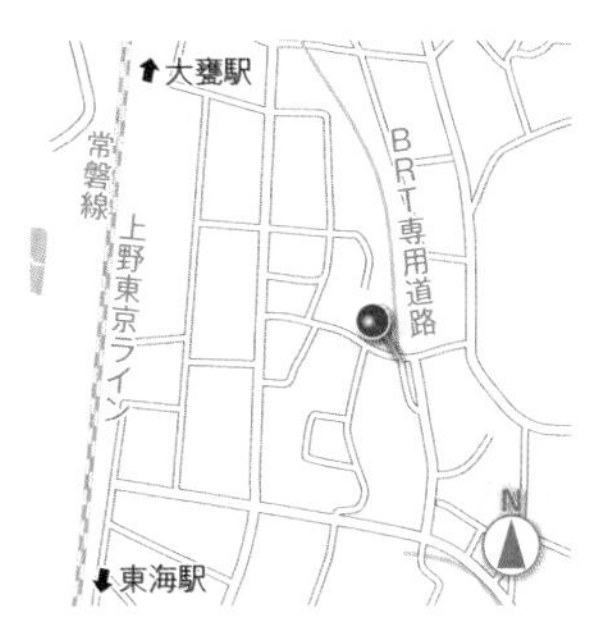

所在地：茨城県日立市
アクセス：茨城交通ひたちBRTで久慈浜下車。

危ない、直前横断！　と思ってしまうが、大丈夫、まだ運転士は乗っていない。

名古屋鉄道 西尾線

吉良吉田駅

電車があまりにも近すぎる！

「あぶないっ！」と思わず叫んでしまいそうだが、そこは大丈夫。なぜなら、電車にまだ運転士さんが乗っていないから。

ここは名鉄西尾線の吉良吉田駅。蒲郡（がまごおり）線との乗換駅となっているが直通列車はなく、全列車が折り返し運転をしている。つまり、吉良吉田行としてきた列車は、この駅で折り返し準備をして、もと来た方向へと戻っていくのだ。

その折り返しのあいだ、電車は停車しているのだが、ホーム端ギリギリのところに踏切道があり、電車もホームいっぱいに止まるため、このような光景になる。

日中の折り返し時間は6分。そのあいだ、電車には尾灯も前照灯もついていない。運転士はこの時間に停止手配をし、わずかな休息をとったうえで、編成反対側の先頭車にきて出発準備をする。

準備が完了すると前照灯がつき、やがて踏切が鳴り出して出発する。そのわずかな折り返し時間が、この踏切の活躍時間でもあるのだ。

所在地：愛知県西尾市
アクセス：名古屋鉄道西尾線吉良吉田駅。

電車が前照灯をつけて近づくのに、自転車は平気で踏切内に！　電車はここで停まって折り返す。

JR東日本 横須賀線

久里浜駅

電車が来ているのに横断できる踏切!?

自転車が渡ろうとしている踏切には、電車がやってきている。しかも前照灯がついているではないか。なんと無謀な……と思いがちだが安心してほしい。電車はこの位置まで来て停車したところなのだ。

ここはＪＲ東日本横須賀線の終点・久里浜駅の構内外れ。夜間停泊していた編成が、早朝になって当日の運用につくにあたり、いったん構内外れまで引き上げたうえで転線して駅ホームに据えつけられる。

その構内外れに引き上げた先端にこの踏切がある。よく見ると、電車の運転席右側に乗務員乗降用のステップが用意されていて、ここが停止位置になっていることがわかる。

この少し先で線路は終わっている。そこまでは、万一過走してしまった際の安全のために設置してあるもので、使われることは基本的にないのだ。

所在地：神奈川県横須賀市
アクセス：JR東日本横須賀線久里浜駅から徒歩約10分、京急久里浜駅から徒歩約５分。

JR東日本 奥羽本線（山形新幹線）　羽前千歳～北山形

在来線と新幹線が踏切で平面クロス！

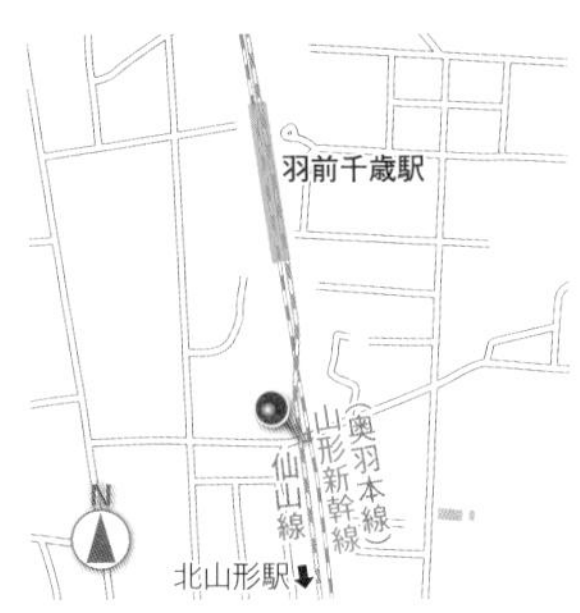

所在地：山形県山形市
アクセス：JR東日本奥羽本線・仙山線羽前千歳駅から徒歩約5分。

線路が平面クロスしている。しかも、双方の線路間に渡り線はないようだ。それにもかかわらず、複線かのように両線が平行している様子がわかる。

よく見ると、左右の線路の幅が違っている。電車が走っている線路のほうが狭いのだ。

ここは、山形県の羽前千歳駅すぐ南側にある踏切。電車が走っているほうは山形と仙台を結ぶ仙山線で、もう一方は山形新幹線だ。

仙山線はもともと当駅から奥羽本線に合流して山形駅を目指していた。次の北山形駅では、向かって右側から左沢（あてらざわ）線も合流してくる。その区間に山形新幹線を通すために、在来線１本と新幹線１本を単線並列で敷いた結果、この羽前千歳駅手前の踏切付近で両線が交差することになったのだ。

単線並列なので、どちらの線路も上下列車がやってくる。ぱっと見では複線に見えるため、一方からしか列車が来ないと勘違いすると保線関係者の事故につながりかねない。

そこで、踏切入口には「ちょっと待て‼」と大書した、保線関係者に対する注意看板が掲げられている。看板にはＮＧ線とＳＧ線と記されている。ＮＧはナローゲージ（狭軌）、ＳＧはスタンダードゲージ（標準軌）の略で、在来線と新幹線を示しているものと思われる。

踏切を横切る電車は狭軌（軌間1067㎜）の在来線。もう一本は標準軌（軌間1435㎜）の山形新幹線なのでレール間が広い。

単線並列という珍しい設備なので、踏切には保線関係者への注意書きがある。

建設中の鉄道高架下を西鉄電車が通過する。直行する道路高架橋は解体の真最中だ。

西日本鉄道 天神大牟田線

雑餉隈～井尻

廃止前に訪れたい期間限定の仮踏切

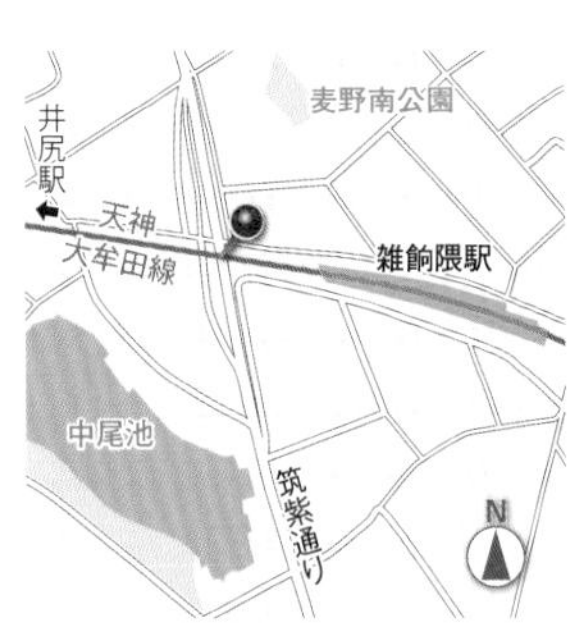

所在地：福岡県福岡市
アクセス：西日本鉄道天神大牟田線雑餉隈駅から徒歩数分。

電車が高架下を走っている。踏切の前後には車が数珠つなぎになっている。左上の高架橋上には重機が見える。

ここは福岡県の西鉄大牟田線雑餉隈～井尻間が筑紫通りと交差している踏切だ。踏切の傍らには「麦野仮踏切」と記した標柱が建っている。

もともと筑紫通りが西鉄線を高架橋で越えていた。重機の載っている部分だ。福岡市は大牟田線連続立体交差事業を進めていて、この一帯も高架化することになった。その高さが筑紫通りの高架橋とほぼ同じ高さになることがわかり、線路と道路の上下を入れ替える際に、一時的に仮設踏切で対応することにしたのだ。

まずは用地買収などをしたうえで鉄道高架橋工事を先行させた。平成31（2019）年2月に筑紫通り上部に着手したことで、筑紫通りは仮設踏切を使うことになった。いまは道路高架橋を解体しているところで、解体後の令和4（2022）年夏に鉄道を高架化すると仮設踏切は廃止される予定だ。

立体交差化まで期間限定で設置された、麦野仮踏切。

故障中でも渡ることができた踏切

踏切関連機器は機械動作するものなので、故障は避けて通れない。それでも、各社はあの手この手で道路交通にできるだけ支障をきたさないよう努力している。そのため、故障中の踏切を見かけることは多くないはずだ。

全国の踏切を歩き回っている筆者でも、故障した踏切を現場で見たのは、電車内から見たケースも含めて指折り数える程度。そのなかで、唯一故障したまま渡ることができたのがこの踏切だ。警報機に「故障」の文字。遮断機の横には「踏切故障中のため踏切が動作いたしません。左右ご確認の上、注意して横断して下さい」と案内がある。故障すると踏切を閉鎖することが多いが、ここは迂回路まで少し距離があり、安全も確保できると判断したのだろう。このため、電車は全列車がこの踏切手前でいったん停止し、安全を確認したうえで発車するという運転方法をとっていた。

所在地：長野県松本市
アクセス：アルピコ交通上高地線渕東駅から徒歩約10分。

警報機に「故障」表示。上の案内は注意して横断なのに対し、そのすぐ下は「渡らないでください」。

「とまれ」表示が手前と踏切中ほどにある。

JR西日本／山陽電気鉄道

朝霧～舞子／西舞子～舞子公園

立ち止まっていいの？いけないの？

「踏切とまれ」の標識がすぐ目の前と電車の手前にある。ところが、電車の手前にある「踏切とまれ」まで進み、足元を見たところ「停止禁止　ここは踏切内です」と記されているではないか。でも、見上げると、やっぱり「踏切とまれ」の標識がある。止まるの？止まってはいけないの？

ここはＪＲ山陽本線と山陽電鉄が並行しているところで、それらを一つの踏切で渡っている。この戸惑う標識があるのは、両線の区切りになっている場所で、「踏切とまれ」の後方が山陽電鉄の線路、「停止禁止」は山陽本線に向かって記されている。

どうやら、「山陽本線を渡り終えてもホッとしないで、山陽電鉄の列車が来ていないか確認してから渡りましょう。でも、この場所でモタモタしないで」という意味のようだ。

踏切中ほどの「とまれ」表示の手前に「停止禁止」と。

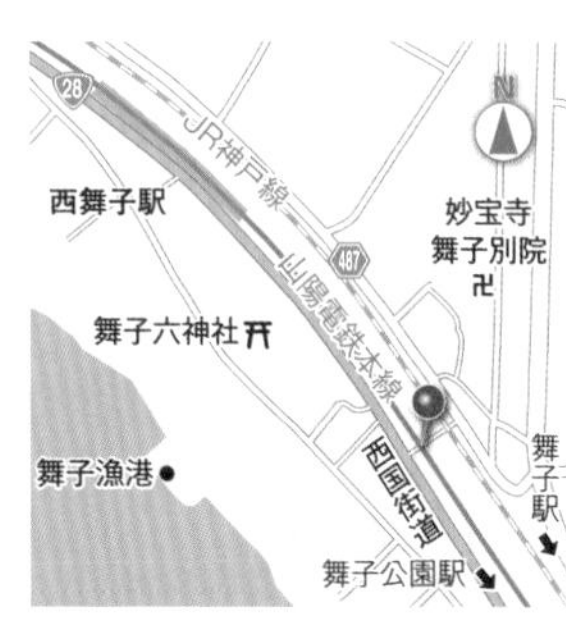

所在地：兵庫県神戸市
アクセス：山陽電気鉄道本線西舞子駅から徒歩約５分。

奥と手前、どちらの踏切も歩行者しか渡れないが、両方とも必要なのか？

警報機の両横に遮断かんが降りている。

JR東海 身延線

沼久保駅

隣り合う踏切、どちらも必要？

紅葉した木の下を、列車が通過している。警報機と遮断機があるから第一種踏切だと思ったが、「沼久保踏切」と表示されている踏切は、警報機の左側だけのようだ。警報機の右側は遮断機だけの踏切？ でも、この警報機は明らかに両踏切を兼務している。

近づいてみると、左側は踏切の先で山に入っていく道。右側は駅の構内踏切だということがわかる。つまり、左側の踏切道は市道もしくは私道のようだが、右側はJR東海身延線沼久保駅の構内踏切だ。それぞれの踏切道の管理者が異なっていることまでは容易に想像がつく。

でも、両者はあまりに近接している。左側の踏切を渡ったところからホームに進入するようにすれば、構内踏切は廃止できそうだ。その場所も確保できるように見える。設置意図がいま一つ不明な構内踏切だが、いわゆる大人の事情なのだろうか。

所在地：静岡県富士宮市
アクセス：JR東海身延線沼久保駅構内。

米海軍横須賀基地関係者専用の構内踏切とわかる。

京浜急行電鉄 逗子線

神武寺駅

利用できるのは米軍関係者だけ

写真に写っている簡素な駅舎は、どこの国のものかと思ってしまうが、ここは日本だ。大書されている2列の横文字の下に「JINMUJI STATION」とある。つまり、京急の神武寺駅なのだ。

一般の利用者はこのうしろにある構内踏切を渡って、有人駅舎にある改札口を利用する。一方、駅の裏手には広大な米軍池子住宅地区と海軍補助施設があるため、米軍関係者は近道となるこの改札口を使う。こちらの改札口はさすがに利用したことがない……というか、利用できない。利用するには米軍関係者の証明が必要なようだ。建物の右端にある青色と白色の案内にその旨が記されている。

駅舎は横文字だらけで日本とは思えない。

所在地：神奈川県逗子市
アクセス：京浜急行電鉄逗子線神武寺駅構内。

JR東海／名古屋鉄道

豊橋～船町

ライバルが〝共有〟する踏切

JR東海の電車が通過。

同じ線路を名鉄特急が通過。

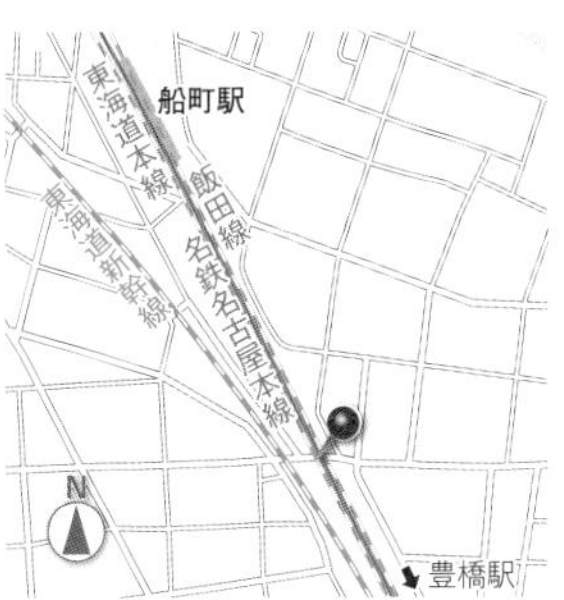

所在地：愛知県豊橋市

アクセス：JR東海飯田線船町駅から徒歩約５分。

オレンジの帯を締めた電車はＪＲ東海の３１３系。赤い塗装が目立つのは、名鉄の２２００系だ。それが同じ線路を走っている。ＪＲ東海と名鉄は豊橋～名古屋～岐阜で路線が並行していて、ライバル関係のはず。ところが同じ線路を走っているのはこれいかに……。

ＪＲ東海は、飯田線の列車だ。一方、名鉄は名古屋本線の特急列車。この写真で両列車が走っているのは名鉄名古屋本線。ところがすぐ向こう側の線路はＪＲ東海の飯田線となっている。

どちらも単線なのだが、ここでは名鉄名古屋本線が上り線となり、ＪＲ飯田線が下り線として使われている。この共用区間にＪＲ飯田線は２駅あるものの、名鉄には駅がない。

そこにある唯一の踏切がここで、ＪＲ車と名鉄車が次々にやってくるところが見られる鉄道好きには楽しい踏切となっている。

伊豆箱根鉄道 駿豆線

大場〜大場車庫

見たらラッキー！「緑色の旗」の踏切

赤い後部標識をつけた電車が踏切を横切る。車内からは鉄道職員が緑色の旗を出している。伊豆箱根鉄道の大場（だいば）車庫に入場する車両の搬入風景だ。営業列車は通らないので、この踏切が使われるときは多くない。

珍景踏切はあなたの身近にも⁉

高松琴平電気鉄道 琴平線

高松築港〜片原町

複雑怪奇な踏切

踏切で止まっている車をよく見てほしい。右端の２台は、それぞれ向いている方向が少し違う。踏切の向こう側も、正面から向かってくる車の列と左側からの車がある。五叉路の中央にある踏切だが、なんと信号機がない！

京浜急行電鉄 本線

堀ノ内駅

関係者専用のかわいらしい踏切

京急堀ノ内駅のホーム端にある踏切は、なんともかわいらしい。関係者専用で乗客が使うものではないが、背の低い警報機に一人ぶんの遮断機がついている。しかも、列車方向矢印もついている本格派だ。

東急電鉄 世田谷線

若林～西太子堂

信号待ちして踏切を通過する電車

若林踏切を横切っているのは、東急世田谷線という路面電車だ。広い道路は環七通り。天下の環状七号を横断するため、電車とはいえ信号待ちをして大人しく渡っていくのだ。

江ノ島電鉄

腰越～鎌倉高校前

電車が止まってしまう踏切

交互に点滅する警報機が左右ともについている。カメラでスローシャッターを切ったのだ。電車が止まっているのは、江ノ電の腰越駅。4両編成だとホームが足りず、はみ出した車両が踏切で止まってしまうのだ。

JR西日本 和歌山線
御所～玉手

アーケード街の踏切 その①

アーケード商店街を抜けたところを、ＪＲ西日本和歌山線の電車が横切っていく。いまは多くの店がシャッターを下ろしているが、かつてはにぎわっていたであろう商店街の様子が、昭和時代を思い出させる。

高松琴平電気鉄道 琴平線
片原町～瓦町

アーケード街の踏切 その②

高松の中心市街地として知られる片原町は、活気ある商店街にアーケードがある。その行き交う人々を遮断機で止めて、〝ことでん〟こと高松琴平電気鉄道の電車がゆっくりと横切っていった。

JR九州／西日本鉄道
大牟田～銀水・新栄町

アーケード街の踏切 その③

かつて石炭で栄えた大牟田の繁華街・銀座通り商店街のアーケードは、ちょっとお洒落だ。そのアーケード街の先に踏切があり、西鉄天神大牟田線やＪＲ九州鹿児島本線の電車が行き交っている。

大井川鐵道

新金谷構外側線

イベントで活躍する第一種踏切

大井川鐵道は蒸気機関車が走ることで知られるが、基地のある新金谷駅から１本の線路が延びている。ここに立派な第一種踏切があるが、営業列車は走らないので滅多に閉まらない。ところがイベントのこの日は大活躍だ。

高松琴平電気鉄道　長尾線

花園～瓦町

踏切信号のある踏切

電車が道路を横切っていく、遮断機も警報機もある第一種踏切だ。それにもかかわらず、信号機もある。その名も「踏切信号」。警報機と連動した信号で万全の体制だが、ここまでしている踏切は多くない。

名古屋臨海鉄道　南港線

東港～名古屋南貨物

列車が停まる貨物鉄道の踏切

列車が近づいてくるにもかかわらず、車が踏切を渡っている。ここでは、踏切の手前で列車が止まり、係員が警報機を作動させたうえで安全確認をして列車が動き出すという、貨物鉄道ならではの光景が見られる。

COLUMN

消えゆく踏切、探索はこれからも続く

まえがき（2ページ）に記したとおり、平成17（2005）年に筆者が監修し自らも執筆した踏切の本『日本の〝珍々〟踏切』（東邦出版刊）は、当時類書がなかったこともあり話題になった。そのおかげで、日本経済新聞の最終面「文化」欄や、テレビ朝日系「タモリ倶楽部」、TBSラジオ「安住紳一郎の日曜天国」などなど、多くのメディアにお声掛けいただいた。踏切に興味はあったものの、このブレークでフミキリストの道を歩み始めたのはたしかだ。

ところが、続けて関連の書を出そうにも、ネタが続かなかった。踏切そのものが減っているのだ。しかも、ユニークな踏切が狙い撃ちのように廃止されていく。その一方で、思いがけない踏切に出会うことも度々あった。その思いが本書の出版につながった。

とはいえ、名踏切の〝いま〟として記したとおり、かつての珍踏切の代表格はかなり廃止されている。本書執筆中にも三井化学専用線が本書出版前に廃止されたり、名古屋鉄道西枇杷島駅の構内踏切が令和2（2020）年度中に廃止される方針が出たりしている。

今後も、掲載踏切から廃止が打ち出される踏切が出るだろう。

少しずつだが着実に消えてゆく踏切を、これからも探索し続けていくつもりだ。

著者紹介

伊藤博康（いとう・ひろやす）

1958年、愛知県犬山市生まれ、在住。㈲鉄道フォーラム代表。10年間のサラリーマン生活を経て、勃興期だったパソコン通信のNIFTY-Serve鉄道フォーラムで独立。インターネット時代到来による@niftyのフォーラム事業撤退を受けて、独自サーバで「鉄道フォーラム」のサービスを継続し、現在に至る。ネット上で中日新聞プラス「達人に訊け！」の連載コラムを担当するとともに、名鉄観光サービスの鉄道ツアーを企画し案内役も担当。著書：『日本の"珍々"踏切』（東邦出版、2005年）、『最新調査 日本の"珍々"踏切』（東邦出版、2010年）、『鉄道名所の事典』（東京堂書店、2012年）、『日本の鉄道ナンバーワン＆オンリーワン』、『「トワイライトエクスプレス」食堂車 ダイナープレヤデスの輝き』、『えきたの――駅を楽しむ〈アート編〉』（創元社）ほか。雑誌記事等も多数。

決定版 日本珍景踏切

2020年6月30日　第1版第1刷発行
2024年6月10日　第1版第3刷発行

著　者……伊藤博康

発行者……矢部敬一

発行所……株式会社 創元社
〈ホームページ〉https://www.sogensha.co.jp/
〈本社〉〒541-0047 大阪市中央区淡路町4-3-6
Tel.06-6231-9010㈹
〈東京支店〉〒101-0051 東京都千代田区神田神保町1-2 田辺ビル
Tel.03-6811-0662㈹

印刷所……図書印刷株式会社

ISBN978-4-422-24099-2 C0065

鉄道手帳［各年版］

来住憲司監修／創元社編集部編　全国鉄軌道路線図、各社イベント予定、豆知識入りダイアリー、数十頁の資料編など、専門手帳ならではのコンテンツを収載。　B6判・248頁　1,400円

鉄道の基礎知識［増補改訂版］

所澤秀樹著　車両、列車、ダイヤ、駅、きっぷ、乗務員、運転のしかた、信号・標識の読み方など、あらゆるテーマを蘊蓄たっぷりに解説した鉄道基本図書の決定版！　A5判・624頁　2,800円

車両の見分け方がわかる！ 関東の鉄道車両図鑑

①JR／群馬・栃木・茨城・埼玉・千葉・神奈川・伊豆の中小私鉄
②大手私鉄／東京の中小私鉄

来住憲司著　現役車両のほぼ全タイプを収録した車両図鑑。車両の性能諸元、車両を識別するための外観的特徴やポイントを簡潔に解説。オールカラー。　四六判・288頁／256頁　各巻2,000円

鉄道快適化物語――苦痛から快楽へ　＊第44回交通図書賞［一般部門］受賞

小島英俊著　安全性やスピード向上はもとより、乗り心地の改善、座席・照明・トイレ等の車内設備、果ては憧れの豪華列車まで、日本の鉄道の進化の道筋をたどる。四六判・272頁　1,700円

鉄道高速化物語――最速から最適へ

小島英俊著　日本の鉄道開業からリニア鉄道まで、諸外国の事例と比較しつつ、「高速化」に寄与した種々の技術発達や工夫をハード、ソフト両面から語り尽くす。　四六判・288頁　1,700円

EF58 国鉄最末期のモノクロ風景

所澤秀樹著　昭和60年3月14日ダイヤ改正から昭和62年3月31日国鉄最後の日までの写真を厳選収録。同時代の国鉄列車の姿も織り交ぜつつ、その軌跡をたどる。　B5判・196頁　2,500円

EF58 昭和50年代の情景

所澤秀樹著　昭和21年に登場し、50年以上にわたり、旅客列車用の機関車として活躍したEF58。200点超の秘蔵写真で、昭和61年までのゴハチの活躍を紹介する。　B5判・232頁　2,600円

飯田線のEF58

所澤秀樹著　天竜川に沿って峻険な山間部を縫うように進む飯田線。この興趣に富んだ路線をEF58が駆け抜けた時代があった――著者蔵出しの写真360点を収録。　A5判・192頁　2,400円

鉄道の誕生――イギリスから世界へ　＊第40回交通図書賞［歴史部門］受賞

湯沢威著　蒸気機関導入以前から説き起こし、本格的鉄道の登場の秘密と経緯、経済社会へのインパクトを詳述。比較経営史の第一人者による待望の鉄道草創期通史。四六判・304頁　2,200円

行商列車――〈カンカン部隊〉を追いかけて　＊第42回交通図書賞［歴史部門］受賞

山本志乃著　知られざる鉄道行商の実態と歴史、さらに行商が育んできた食文化、人々のつながりを明らかにする。後世に遺すべき、唯一無二の行商列車探訪記。　四六判・256頁　1,800円

団体旅行の文化史――旅の大衆化とその系譜　＊第14回鉄道史学会住田奨励賞受賞

山本志乃著　修学旅行、団体参拝、社員旅行などの各種旅行のあゆみをたどる。厖大な文献資料や聞き取りをもとに、旅の大衆化が社会にもたらした影響を多角的に考察。　A5判・336頁　3,200円

価格には消費税は含まれていません。